建筑施工特种作业人员培训教材

附着式升降脚手架架子工

建筑施工特种作业人员培训教材编委会　编写
重庆市建设岗位培训中心　主编

中国建筑工业出版社

图书在版编目（CIP）数据

附着式升降脚手架架子工／建筑施工特种作业人员培训教材编委会编写；重庆市建设岗位培训中心主编. — 北京：中国建筑工业出版社，2021.11
建筑施工特种作业人员培训教材
ISBN 978-7-112-27226-6

Ⅰ.①附… Ⅱ.①建…②重… Ⅲ.①附着式脚手架－工程施工－技术培训－教材 Ⅳ.①TU731.2

中国版本图书馆 CIP 数据核字（2022）第 047684 号

本书是《建筑施工特种作业人员培训教材》中的《附着式升降脚手架架子工》，本书依据最新标准规范编写，配图丰富，通俗易懂。本书主要内容包括专业基础知识、专业技术理论及安全操作技能。本书可作为相关岗位人员培训教材，也可供相关专业技术人员参考。

责任编辑：李　明
责任校对：焦　乐

建筑施工特种作业人员培训教材
附着式升降脚手架架子工
建筑施工特种作业人员培训教材编委会　编写
重庆市建设岗位培训中心　主编
*
中国建筑工业出版社出版、发行（北京海淀三里河路 9 号）
各地新华书店、建筑书店经销
北京红光制版公司制版
北京君升印刷有限公司印刷
*
开本：850 毫米×1168 毫米　1/32　印张：4⅞　字数：128 千字
2022 年 4 月第一版　　2022 年 4 月第一次印刷
定价：**19.00** 元
ISBN 978-7-112-27226-6
（38539）

建筑施工特种作业人员
培训教材编委会

前　　言

附着式升降脚手架是搭设一定高度并附着于工程结构上，依靠自身的升降设备和装置，可随工程结构逐层爬升或下降，具有防倾覆、防坠落装置的外脚手架。

附着式升降脚手架只搭设一定高度（一般不超过 5 倍的建筑层高），然后经过多次提升来满足高层和超高层建筑主体结构施工防护需要，可节约大量的钢材和人工成本，具有显著的经济效益和明显的社会效益。目前附着式升降脚手架在我国高层和超高层建筑施工中得到了广泛的应用。

由于附着式升降脚手架工程属于危险性较大的分部分项工程，其安全生产管理一直受到政府的高度重视。从事附着式升降脚手架搭设、提升、下降和拆卸作业的架子工是建筑施工中的特种作业人员。为加强这类作业人员的管理，防止和减少生产安全事故的发生，全面推进建设职业技能培训工作，提高建设行业操作人员队伍素质，根据住房和城乡建设部开展建设职业技能培训的要求和国家现行标准、规范，编写了《附着式升降脚手架架子工》培训教材。

本教材适用于从事附着式升降脚手架安装搭设、提升、下降和拆卸作业的初、中和高级架子工的培训，也可供从事建筑施工、附着式升降脚手架检测、安全管理人员自学之用。

本书由重庆市建设岗位培训中心组织编写；重庆大学陈世教担任主编，完成大纲编写、前言撰写、部分内容编写；重庆两江奇正模架科技有限公司王华成、重庆立诚重工科技集团有限公司钟登翔担任副主编；重庆市建设岗位培训中心曹斌、段光尧，重庆建工脚手架有限公司刘应杰、王光军，重庆两江奇正模架科技有限公司王华成负责内容编写；重庆金架子机电设备有限公司张富彬、重庆锦诚创新机械工业有限公司刘惠娟负责审稿。本书共分三大部分，第一部分由王华成、曹斌编写，主要介绍与附着式升降脚手架施工有关的建筑结构、建筑制图、识图、钢结构基础知识和建筑施工使用的起重机械、物料平台和模架知识；第二部分由刘应杰、陈世教编写，主要介绍附着式升降脚手架的基本组成和主要结构、工作原理、安全装置、控制系统，以及附着升降脚手架的主要类型；第三部分由王光军、段光尧编写，主要介绍典型类型（普通型、半装配型和装配型）附着式升降脚手架的安装、提升、下降和拆卸安全操作基本技能、方法，以及主要构配件安装方法和安全操作规程。为了加深对本书知识的理解和掌握，由王华成、刘应杰、王光军共同编写了习题。

由于作者的水平有限，书中难免错误，敬请读者指正，以使本书不断充实提高。

编者

2021.6

目　　录

一、专业基础知识

（一）建筑结构及建筑制图、识图基础知识

1. 建筑结构体系

（1）建筑结构体系分类

1）按主要承重结构材料分

① 砖混结构：用钢筋混凝土构件作为水平承重构件，以砖墙或砖柱作为承受竖向荷载构件的结构。

② 钢筋混凝土结构：主要承重构件，如梁、板、柱采用钢筋混凝土材料，非承重墙用砖砌或其他轻质材料做成。

钢筋混凝土结构具有强度较高、耐久性和耐火性较好、整体性好等优点，适用于各种结构形式，因而在房屋建筑中得到了广泛应用。

③ 钢结构：主要承重构件均由钢材构成。

2）按结构形式分

① 框架结构：是利用梁、柱组成的纵、横向框架，承受竖向荷载及水平荷载的结构。在非地震地区，框架结构一般不超过15层。

② 剪力墙结构：是利用建筑物的纵、横墙体承受竖向荷载及水平荷载的结构。纵、横墙体也可兼作围护墙或分隔房间墙。剪力墙间距一般为 3～8m，适用于小开间住宅、旅馆等建筑，在50层范围内适用。

③ 框架-剪力墙结构：是在框架结构中设置适当剪力墙的结构。框架-剪力墙结构一般用于 10～20 层的建筑。

④ 筒体结构：筒体结构又可分为框架-核心筒结构、筒中筒

结构等。

框架-核心筒结构由内筒和外框架组成，适用于 10～20 层的建筑。

框筒结构及筒中筒结构有内筒和外筒两种，内筒和外筒用楼盖连接成整体，共同抵抗竖向荷载及水平荷载。这种结构体系的刚度和承载力很大，适用于 30～50 层的建筑。

3）按施工方法分

① 现浇、现砌结构：房屋的主要承重构件均在现场砌筑和浇筑而成。

② 部分现浇、部分装配式结构。

③ 装配式结构：房屋的主要承重构件，如墙体、楼板、楼梯、屋面板等均为预制构件，在施工现场装配、连接而成。

（2）建筑结构主要构件

民用建筑物的主要部分，一般都由基础、墙与柱、楼地面、楼梯、屋顶和门窗六大部分组成。

1）墙与柱

① 墙在建筑物中主要起承重、围护及分隔的作用。根据墙在建筑物的位置，墙可分为内墙、外墙；按受力不同，墙可分为承重墙和非承重墙；按施工方式，墙可分为现浇墙和填充墙。

② 柱与梁、板组成框架，柱主要承受竖向荷载。

2）楼板

楼板是多层建筑中沿水平方向分隔上下空间的结构构件，除了承受并传递竖向荷载和水平荷载外，还具有一定程度的隔声、防火、防水等能力。

钢筋混凝土楼板按施工方式可分为现浇整体式、预制装配式和装配整体式楼板。

现浇钢筋混凝土楼板主要分为板式、梁板式、井字形密肋梁式、无梁式四种。

① 板式楼板整块板为厚度相同的一块平板。悬挑板只有一边支承，其主要受力钢筋在板的上方，分布钢筋在主要受力筋的

下方。

② 梁板式楼板由主梁、次梁、板组成。板支承在次梁上，并将荷载传递给次梁；次梁与主梁垂直，并将荷载传递给主梁；主梁和板搁置在墙或柱上。

3）阳台与飘窗

① 阳台主要由阳台板和栏板（栏杆）组成。阳台按其与外墙面的关系可分为挑阳台、凹阳台和半凹半挑阳台等几种。

挑阳台属于悬挑构件，按悬挑方式不同有挑梁式和挑板式两种。挑梁式是从横墙上伸出挑梁，将阳台板搁置在挑梁上。挑板式有两种：一种是将阳台板和墙梁现浇在一起；另一种是将房间楼板直接向外悬挑形成阳台板。

② 飘窗是窗台板凸出楼板，施工时可上下窗台板一起浇筑，或先浇筑下窗台板，施工上一楼层时再浇筑上窗台板。

4）附着式升降脚手架与建筑结构件的关系

附着式升降脚手架作为一种外作业脚手架，固定于建筑结构外围，通过附着支座将架体荷载传递给建筑结构。附着式升降脚手架的附着支座主要固定于现浇墙、柱、梁、板等承重结构上，不得固定于填充墙、构造柱、装饰梁、飘板等非承重结构上，也不宜固定在有防水要求的构件上，如卫生间墙、梁板结构。

附着支座固定于剪力墙上时，应验算剪力墙的抗冲切承载力；固定于梁上时，应验算梁抗弯、抗剪、抗扭、局部受压承载力，当抗剪、抗扭承载力不满足要求，出现边梁拉裂情况时，可在附着支座固定部位加密设置箍筋；固定于板上时，应验算板抗弯、抗冲切承载力，板面应配置抗弯负钢筋。

（3）建筑结构主要材料

1）混凝土材料

① 现行《混凝土结构设计规范（2015 年版）》GB 50010 规定：钢筋混凝土结构的混凝土强度等级不应低于 C20；采用强度等级 400MPa 及以上的钢筋时，混凝土强度等级不应低于 C25。现行《建筑施工用附着式升降作业安全防护平台》JG/T 546 规

定：附着支座支承在建筑结构上连接处的混凝土强度应按设计要求确定，且不应小于 C15，悬挂升降设备提升点处混凝土强度不应小于 C20。

② 钢筋混凝土结构用普通钢筋有光圆钢筋 HPB300，带肋钢筋 HRB335、HRB400、HRB500 等钢筋；预应力筋有预应力钢丝、钢绞线和预应力螺纹钢筋。

2）砌体材料

目前常用的砌体材料有砖、砌块。砖可分为黏土砖、硅钙质蒸养砖等；砌块可分为粉煤灰砌块、混凝土空心砌块、加气混凝土砌块等。

砌筑砂浆根据组成材料不同，有水泥砂浆、石灰砂浆、水泥石灰混合物砂浆等。

3）型钢

钢材牌号有 Q235、Q345、Q390、Q420、Q460、Q345GJ。

① 常用的热轧型钢有角钢、工字钢、槽钢、H 型钢、钢管等。

② 常用冷弯薄壁型钢有角钢、槽钢、焊管、矩管等。

③ 热轧钢板分为厚板（厚度大于 4mm）、薄板（厚度为 0.35～4mm）、扁钢（宽度为 12～200mm）和花纹钢板（厚度为 2.5～8mm），冷轧钢板只有薄板（厚度为 0.2～4mm）一种。压型钢板由薄钢板经冷压或冷轧而成。

4）附着式升降脚手架常用材料

附着式升降脚手架主要由钢材制作而成，一般承重材料型钢有角钢、工字钢、槽钢、圆钢、钢板、焊管、矩管，围护材料有薄钢板、花纹钢板。

① 现行《建筑施工工具式脚手架安全技术规范》JGJ 202 规定：

a. 附着式升降脚手架的竖向主框架、水平支承桁架各杆件的轴线应相交于节点上，并宜采用节点板构造连接，节点板的厚度不得小于 6mm。

b. 锚固螺栓垫板尺寸不得小于 100mm×100mm×10mm。

c. 钢吊杆式防坠落装置，钢吊杆规格应由计算确定，且不应小于 ϕ25mm。

d. 钢管应采用 ϕ48.3×3.6mm 规格。

② 现行《建筑施工用附着式升降作业安全防护平台》JG/T 546 规定：

a. 平台结构承力的附着装置、导轨、立杆、水平杆、主框架、水平支承结构、上下吊点、防坠装置等不宜采用强度低于 Q235 级的钢材。

b. 冲压钢板脚手板的钢板厚度不宜小于 1.5mm，脚手板的网孔内切圆直径应小于 25mm。

c. 当采用平面刚架做水平支承结构时，平面刚架内外肢钢梁结构尺寸应符合下列规定：当采用方管时，不得小于 160mm×160mm×3.5mm；当采用普通工字钢时，不得小于 I16♯。

d. 外立面防护当采用冲孔钢板时，钢板厚度不应小于 0.7mm；当采用钢丝网时，钢丝直径不应小于 2.5mm，网孔尺寸不应大于 15mm×15mm。

e. 穿心式液压千斤顶的穿心杆应采用外径 40mm 的圆钢制作，并加工成竹节形。

2. 建筑制图与识图

（1）建筑制图基本知识

1）工程图纸应按专业顺序编排，应为图纸目录、设计说明、总图、建筑图、结构图、给水排水图、暖通空调图、电气图等。附着式升降脚手架施工设计时一般需要依据建筑图、结构图、给水排水图、暖通空调图等。

2）二维工程模型文件应根据不同工程、专业、类型进行命名，宜按照平面图、立面图、剖面图、大比例视图、详图、清单、简图等的顺序排列。

3）建筑图样基本元素包括图线、字体、比例、符号、定位轴线、图例、尺寸标注。

（2）建筑识图基本知识

1）定位轴线

定位轴线的编号横向应用阿拉伯数字，从左至右编写；竖向编号应用大写英文字母，从下至上编写（图1-1）。

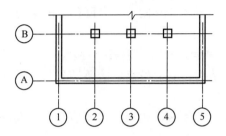

图 1-1　定位轴线的编号顺序

圆形与弧形平面中的定位轴线，其径向轴线以角度进行定位，其编号用阿拉伯数字表示，从左下角开始，按逆时针顺序编写；其环向轴线用大写英文字母表示，由外向内编写（图1-2）。

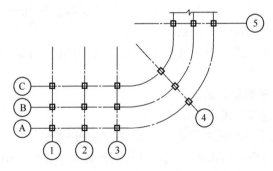

图 1-2　弧形平面定位轴线的编号

2）符号

① 剖切符号

剖面剖切符号由剖切位置线及剖视方向线组成，编号所在的一侧为该断面的剖视方向（图1-3）。

② 索引符号

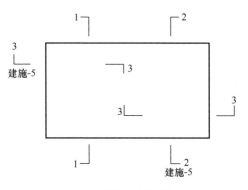

图 1-3 剖视的剖切符号

当索引出的详图与被索引的详图在一张图纸内时，应在索引符号的上半圆中用阿拉伯数字注明该详图的编号，并在下半圆中间画一段水平细实线［图 1-4（a）、（b）］。

当索引出的详图与被索引的详图不在同一张图纸中时，应在索引符号的上半圆中用阿拉伯数字注明该详图的编号，在索引符号的下半圆用阿拉伯数字注明详图所在图纸的编号［图 1-4（c）］。

当索引符号用于索引剖视图详图时，应在被剖切的部位绘制剖切位置线，并以引出线引出索引符号，引出线所在一侧为剖视方向。

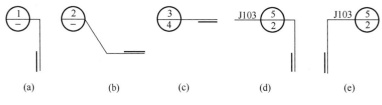

图 1-4　用于索引剖视详图的索引符号

③ 引出线

文字说明应注写在水平线上的上方或端部。说明的顺序由上至下，并与被说明的层次对应一致（图 1-5）。

④ 其他符号

7

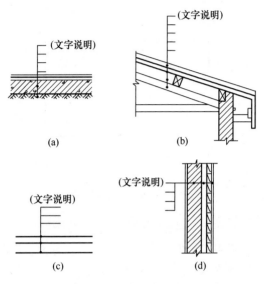

图 1-5 多层引出线

对称符号应由对称线和两端的两对平行线组成（图 1-6）；连接符号以折断线表示需连接的部分（图 1-7）。

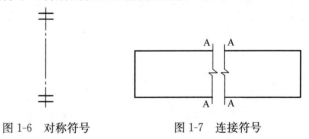

图 1-6 对称符号   图 1-7 连接符号

3）图例

常用建筑材料图例如表 1-1 所示。

常用建筑材料图例   表 1-1

序号	名称	图例	备注
1	夯实土壤		—

続表

序号	名称	图例	备注
2	砂、灰土		—
3	石材		—
4	实心砖、多孔砖		包括普通砖、多孔砖、混凝土砖等砌体
5	加气混凝土砖		包括加气混凝土砌块砌体、加气混凝土墙板及加气混凝土材料制品等
6	混凝土		包括各种强度等级、骨料、添加剂的混凝土，断面图形较小，不易绘制表达图例线时，可填黑或深灰
7	钢筋混凝土		
8	木材		上图为横断面；左上图为垫木、木砖或木龙骨；下图为纵断面
9	胶合板		应注明为几层胶合板
10	金属		包括各种金属；图形较小时可填黑或深灰

4）尺寸标注

尺寸标注的内容包括数字和单位两部分。尺寸由尺寸线、尺寸界线、尺寸起止符号和尺寸数字四部分组成（图 1-8）。尺寸单位除总平面图和标高以米（m）为单位外，其余均以毫米（mm）为单位。

5）标高

建筑物各部分高度用标高表示。标高分为绝对标高和相对标高。绝对标高以我国黄海海平面为零点计算，一般设计图采用相对标高来代替绝对标高。通常将室内首层地面标高定为相对标高的零点，写作"±0.000"。高于该点为正，但一般不注明"＋"

9

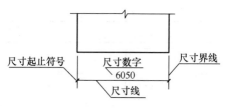

图 1-8　尺寸的组成

符号，低于该点为负，必须注明"－"符号（图 1-9）。

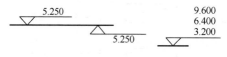

图 1-9　标高符号

（3）建筑施工图

1）平面图的组成及内容

① 反映房屋的平面形状、内部布置及房间组成。

② 标注平面尺寸，用定位轴线和尺寸线标注平面各部分的长度和准确位置。

③ 反映出房屋的结构性质和主要建筑材料。

④ 标出各层地面标高。

⑤ 标明门窗编号和门的开启方向。

⑥ 标明剖切面的平面位置及剖切方向，标注详图索引号和标准构配件的索引号及编号。

⑦ 设计施工说明。

2）立面图的基本内容

① 标明构筑物的外形、门窗、台阶、勒脚、烟道、落水管、雨篷等的位置。

② 标明房屋的竖向尺寸。

③ 标明外墙粉饰的材料及构造做法，饰面分格等。

3）剖面图的基本内容

① 表示建筑物各层各部位的高度。

② 标注梁、板、墙、柱等构件相互关系和结构形式。

③ 标注楼地面、屋面、顶棚及内墙粉刷等的构造做法。

（4）结构施工图

1）结构施工图的主要内容

① 结构设计说明。

② 结构平面布置图：包括基础平面图、楼层结构平面布置图、屋顶结构平面布置图。

③ 构件详图：包括基础详图，梁、板、墙、柱构件详图，楼梯构件详图，屋架构件详图和其他构件详图等。

2）墙柱竖向结构施工图

① 柱编号由类型代号和序号组成，构件代号：KZ—框架柱，ZHZ—转换柱，XZ—芯柱，LZ—梁上柱，QZ—剪力墙上柱（图1-10）。

普通钢筋符号：Φ—HPB300 钢筋，Φ—HRB335 钢筋，Φ—HRB400 钢筋，Φ^F—HRBF400 钢筋，Φ^R—RRB400 钢筋，Φ—RHB500 钢筋，Φ^F—HRBF500 钢筋。

混凝土强度等级有 C15、C20、C25、C30、C35、C40、C45、C50、C55、C60、C65、C70、C75 和 C80 共十四个等级。

② 剪力墙可视为由剪力墙柱、剪力墙身和剪力墙梁三类构件构成。墙柱代号：YBZ—约束边缘构件，GBZ—构造边缘构件，AZ—非边缘暗柱，FBZ—扶壁柱，Q—剪力墙身，LL—连梁，AL—暗梁，BKL—边框梁。剪力墙平法施工图如图 1-11 所示。

3）梁、板水平结构施工图

① 梁代号：KL—楼层框架梁，WKL—屋面框架梁，KZL—框支梁，L—非框架梁，XL—悬挑梁，JZL—井字梁。梁平法施工图如图 1-12 所示。

② 板代号：LB—楼面板，WB—屋面板，XB—悬挑板。板平法施工图如图 1-13 所示。

（5）钢结构施工图

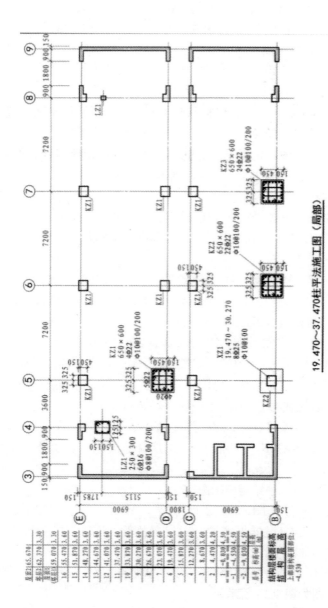

图 1-10 柱平法施工图示意

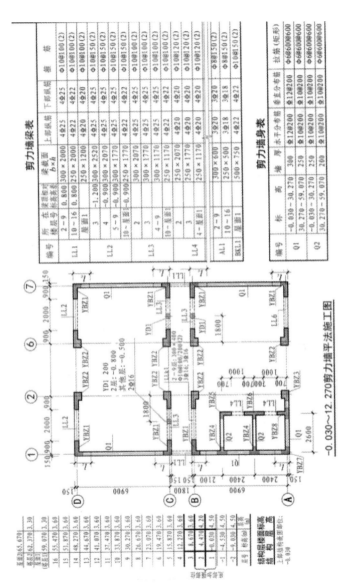

图1-11　剪力墙平法施工图示意

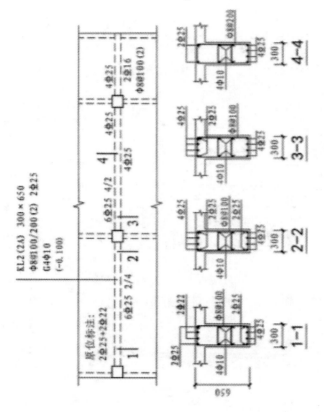

图 1-12　梁平法施工图示意

14

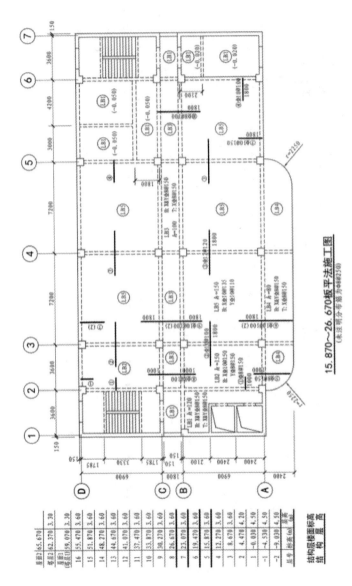

15.870~26.670板平法施工图
(未注明分布筋为φ6@250)

图 1-13 板平法施工图示意

15

1）钢结构设计图的内容

① 钢结构设计图内容一般包括：设计总说明，柱脚锚栓布置图，纵、横、立面图，结构布置图，节点详图，构件图。

② 钢结构施工详图设计的内容包括：构造设计、施工详图总说明、锚栓布置图、构件布置图、安装节点图、构件详图。

2）常用型钢标注方法

常用型钢的标注方法如表 1-2 所示。

常用型钢的标注方法 表 1-2

序号	名称	截面	标注	说明
1	等边角钢	∟	∟$b×t$	b 为肢宽 t 为肢厚
2	不等边角钢	∟	∟$B×b×t$	B 为长肢宽 b 为短肢宽 t 为肢厚
3	工字钢	I	IN Q IN	轻型工字钢加注 Q 字
4	槽钢	[	[N Q[N	轻型槽钢加注 Q 字
5	钢板	——	$\dfrac{-b×t}{L}$	宽×厚 板长
6	圆钢	◎	ϕd	—
7	钢管	○	$\phi d×t$	d 为外径 t 为壁厚
8	薄壁方钢管	□	B□$b×t$	薄壁型钢加注 B 字 t 为壁厚
9	T 型钢	T	TW× TM× TN×	TW 为宽翼缘 T 型钢 TM 为中翼缘 T 型钢 TN 为窄翼缘 T 型钢
10	H 型钢	H	HW× HM× HN×	HW 为宽翼缘 H 型钢 HM 为中翼缘 H 型钢 HN 为窄翼缘 H 型钢

3）梯形钢屋架施工图

① 屋架上弦支撑平面布置图（图 1-14）

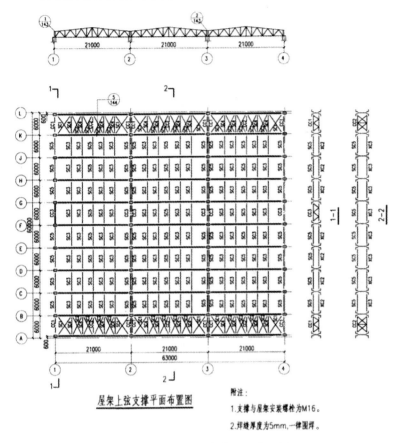

屋架上弦支撑平面布置图

附注：

1. 支撑与屋架安装螺栓为 M16。

2. 焊缝厚度为 5mm，一律围焊。

图 1-14 屋架上弦支撑平面布置图

② 屋架详图（图 1-15）

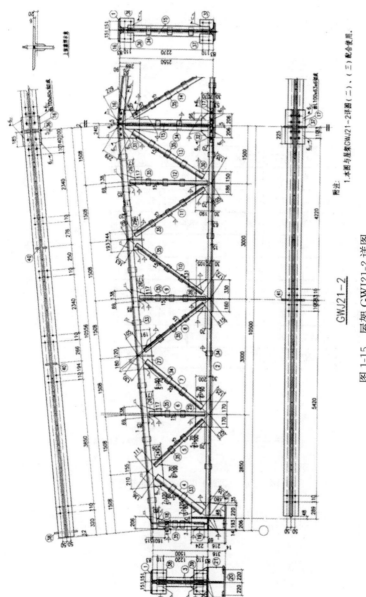

GWJ21-2

图 1-15 屋架 GWJ21-2 详图

附注:
1. 本图与屋架 GWJ21-2 详图 (二)、(三) 配合使用。

18

（二）钢结构基础知识

1. 钢结构构件

（1）受弯构件

钢梁是最常见的受弯构件之一。

1）钢梁的截面形式

钢梁的截面形式一般有型钢梁和钢板组合梁两类。型钢梁多采用工字钢和 H 型钢，钢板组合梁常采用焊接的工字形截面钢。

2）受弯构件的计算

受弯构件设计时要进行抗弯、抗剪强度计算，刚度变形计算，整体稳定性计算，局部稳定性计算。

3）构造要求

为保证梁的受压翼缘不致产生局部失稳，应限制其外伸宽度 b_1 与其厚度 t 之比，采用加劲肋来加强腹板的局部稳定。为保证梁的整体稳定性，应控制梁受压翼缘的自由长度 l_1 与宽度 b_1 之比来满足相应的要求，采用铺板（各种钢筋混凝土板或钢板）密铺在梁的受压翼缘上与其牢固相连。

（2）受拉、受压构件

1）轴心受拉构件：轴心受拉构件常见于桁架中，构件的刚度通过限制长细比保证。

2）偏心受拉构件：偏心受拉构件应用较少，桁架受拉杆同时承受节点之间横向荷载时为偏心受拉构件。

3）受压构件

柱、桁架的压杆等都是常见的受压构件。根据受力情况，受压构件可分为轴心受压构件和偏心受压（压弯构件）构件。

按截面构造形式，受压构件可分为实腹式和格构式两类。前者构造简单、制作方便；后者节省钢材。当构件比较高大时，可采用格构式，增加截面刚度，节省钢材。

轴心受压构件进行截面设计时也需要满足强度和刚度要求。

除此以外，轴心受压构件还要进行整体稳定和局部稳定性计算：通过考虑整体稳定系数进行轴心受压构件的整体稳定计算，通过限制板件的宽厚比来保证局部稳定。

4）构造要求

缀件面剪力较大或宽度较大的格构式柱，宜采用缀条柱。当实腹式柱的腹板计算高度 h_0 与厚度 t_w 之比超过限值时，应采用纵向加劲肋加强，加劲肋宜在腹板两侧成对配置。格构式或实腹式柱，在受较大水平力处和运送单元的端部应设置横隔，横隔的间距不得大于柱截面长边尺寸的 9 倍且不得大于 8m。

2. 钢结构的连接

（1）焊接连接

1）焊缝连接计算

焊缝应根据结构的重要性、荷载特性、工作环境及应力状态等情况，选用不同的焊缝形式和质量等级。焊缝形式有对接焊缝、角焊缝、对接与角接组合焊缝、塞焊焊缝、槽焊焊缝。

对接焊缝和角焊缝的强度应计算正应力和剪应力，在各种力综合作用下的强度应满足要求。

2）构造要求

① 焊缝金属应与主体金属相适应。当不同强度的钢材连接时，可采用与低强度钢材相适应的焊接材料。

② 在直接承受动力荷载的结构中，垂直于受力方向的焊缝不宜采用部分焊透的对接焊缝。角焊缝焊脚尺寸不宜小于 5mm。

③ 在次要构件或次要焊缝连接中，可采用断续角焊缝。断续角焊缝的长度不得小于 $10h_f$ 或 50mm，其净距不应大于 $15t$（对受压构件）或 $30t$（对受拉构件），t 为较薄焊件的厚度。

④ 在搭接连接中，搭接长度不得小于焊件较小厚度的 5 倍，并不得小于 25mm。

3）焊缝质量检查

焊缝的尺寸偏差、外观质量和内部质量应满足设计及规范要求，在重要焊接部位，可采用超声波探伤，超声波探伤不能对缺陷作出判断时，应采用射线探伤来判断焊缝质量。一般外观质量检查要求焊缝表面不得有裂纹、焊瘤等缺陷，焊缝应饱满、连续、平滑，无缩孔、杂质。

（2）螺栓连接

1）螺栓连接计算

普通螺栓应进行受剪承载力、端部承压、受拉承载力计算，以及同时承受剪力和拉力的承载力计算。

高强度螺栓摩擦型连接、承压型连接应进行抗剪、抗拉及同时承受剪力和拉力时的承载力计算。

2）构造要求

① 每一杆件在节点上以及拼接头的一端，永久性的螺栓数不宜少于 2 个。对组合构件的缀条，其端部连接可采用 1 个螺栓。

② 对直接承受动力荷载的普通螺栓，其受拉连接时应采用双螺帽或其他防止螺帽松动的有效措施；抗剪连接时应采用摩擦型高强度螺栓。

③ 沿杆轴方向受拉的螺栓连接中的端板（法兰板）宜设置加劲肋。

3）螺栓的使用

① 普通螺栓分为精制螺栓（A 级、B 级）和粗制螺栓（C 级），C 级螺栓材质采用 Q235 钢，强度等级为 4.6、4.8 级，附着式升降脚手架各构件连接螺栓及附着支座穿墙螺栓一般采用 C 级螺栓。

普通螺栓可采用普通扳手紧固，螺栓紧固应使被连接件接触面、螺栓头和螺母与构件表面密贴。普通螺栓紧固应从中间开始，对称向两边进行，大型接头宜采用复拧方式。

② 高强度大六角头螺栓连接副应由一个螺栓、一个螺母和两个垫圈组成，扭剪型高强度螺栓连接副应由一个螺栓、一个螺母和一个垫圈组成。高强度螺栓的常用强度等级为 8.8 级和 10.9 级。

高强度螺栓安装应符合下列规定：

a. 高强度螺栓安装时应先使用安装螺栓和冲钉，现场安装时应能自由穿入螺栓孔，不得强行穿入。

b. 扭剪型高强度螺栓安装时，螺母带圆台面的一侧应朝向垫圈有倒角的一侧；大六角头高强度螺栓安装时，螺栓头下垫圈有倒角的一侧应朝向螺栓头，螺母带圆台面的一侧应朝向垫圈有倒角的一侧。

c. 扭剪型高强度螺栓连接副应采用专用电动扳手施拧，高强度大六角头螺栓连接副施拧可采用扭矩法或转角法。

3. 钢结构制作、运输、安装

（1）制作：钢结构的制作包括放样、号料、切割、校正、组装、焊接等诸多环节。质量检验合格后方可进行除锈和涂装。

（2）运输：运输钢构件时，应根据钢构件的长度和重量选用车辆。钢构件在车辆上的支点、两端伸出的长度及绑扎方法均应保证构件不产生变形、不损伤涂层。

（3）安装：钢结构安装应按施工组织设计进行，安装程序须保证结构的稳定性并保证不导致永久性变形。安装柱时，每节柱的定位轴线须从地面控制轴线直接引上。钢结构的柱、梁、屋架等主要构件安装就位后，须立即进行校正、固定。

4. 附着式升降脚手架的设计和制作

（1）设计计算基本规定

1）附着式升降脚手架的设计应符合现行国家标准《钢结构设计标准》GB 50017、《冷弯薄壁型钢结构技术规范》GB 50018、《混凝土结构设计规范（2015 年版）》GB 50010 以及其他相关标准的规定。

2）附着式升降脚手架架体构造、附着支承结构、防倾装置、防坠装置的承载能力应按概率极限状态设计法的要求采用分项系数设计表达式进行设计，并应进行下列设计计算：

① 竖向主框架构件的强度和压杆稳定计算；

② 水平支承桁架构件的强度和压杆稳定计算；

③ 脚手架架体构件的强度和压杆稳定计算；

④ 附着支承结构构件的强度和压杆稳定计算；

⑤ 附着支承结构穿墙螺栓以及螺栓孔处混凝土局部承压计算；

⑥ 连接节点计算。

3）竖向主框架、水平支承桁架、架体构架应根据正常使用极限状态的要求验算变形。

4）附着式升降脚手架的索具、吊具应按有关机械设计的规定，按容许应力法进行设计。

（2）附着式升降脚手架构配件的制作应符合下列规定：

1）应具有完整的设计图纸、工艺文件、产品标准和产品检验规程；制作单位应有完善有效的质量管理体系。

2）制作构配件的原材料和辅料的材质及性能应符合设计要求，并按规定对其进行验证和检验。

3）加工构配件的工装、设备及工具应满足构配件制作精度的要求，并定期进行检查，工装应有设计图纸。

4）构配件应按工艺要求及检验规程进行检验；对附着支承结构、防倾装置、防坠落装置等关键部件的加工件应进行 100% 检验；构配件出厂时，应提供出厂合格证。

5）构配件杆件焊接接长时，单根杆件只允许有一个焊接接缝，立杆或导轨有接缝的，接缝应错开杆件交汇处，水平杆及水平斜杆的接缝应在距端头 1/4 长度内布置。

（三）塔式起重机、施工升降机、卸料平台、建筑模板支撑体系与附着式升降脚手架的关系

1. 塔式起重机与附着式升降脚手架的关系

（1）塔式起重机的类型

1）按其安装形式有内爬式塔式起重机和外爬式塔式起重机之分。

2）按其变幅方式可分为小车变幅塔式起重机和动臂变幅塔式起重机两种。

（2）塔式起重机与附着式升降脚手架的关系

1）塔式起重机的性能应满足附着式升降脚手架的吊装及拆除要求，包括起重量、起升高度、起重半径；当不能满足要求时，应采取其他起吊措施。

2）附着式升降脚手架固定于建筑结构外边，架体高度一般为4层半楼高。当使用外爬式塔式起重机，且最大独立塔身高度小于5层楼高（一般为15m）时，塔式起重机的附着件需固定于附着式升降脚手架架体内，并会对附着式升降脚手架的升降产生影响。

当塔式起重机的附着件伸入普通附着式升降脚手架架体内时，塔式起重机的附着部位不得设置竖向主框架（塔式起重机附着件不得穿入竖向主框架内），架体构架纵向水平杆采用短钢管搭设，并用斜拉钢管与两边竖向主框架斜拉加强。当附着式升降脚手架提升时，应拆除塔式起重机附着部位的纵向水平杆及外侧安全网，应在附着式升降脚手架提升通过塔式起重机附着件后，再恢复拆除的纵向水平杆及外密目安全网或钢板防护网（图1-16）。

当塔式起重机的附着件伸入装配式附着式升降脚手架（全钢爬架）架体内时，塔式起重机的附着部位的走道板采用可翻转走道板，外防护网采用可翻转防护网。当附着式升降脚手架提升时，翻开塔式起重机附着部位的走道板及防护网，应在附着式升降脚手架提升通过塔式起重机附着件后，再恢复固定翻开的走道板及防护网（图1-17）。

2. 施工升降机与附着式升降脚手架的关系

（1）施工升降机按其传动形式分为齿轮齿条式、钢丝绳式。

（2）施工升降机与附着式升降脚手架的关系。

1）建筑结构主体施工时，施工升降机位于附着式升降脚手架架体底部；装修施工时应将施工升降机部位的架体断开，将施

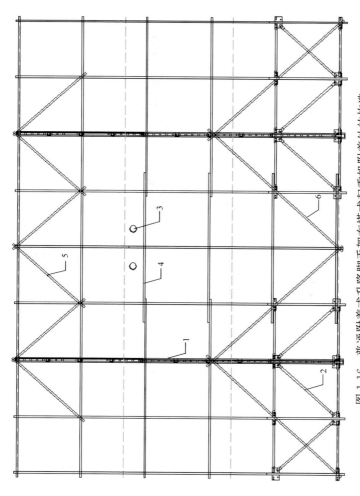

图 1-16 普通附着式升降脚手架在塔式起重机附着处的构造

1—竖向主框架；2—水平支承桁架；3—塔式起重机附着件；4—断开的纵向水平杆；5—钢管加强桁架；6—加强对称斜拉杆

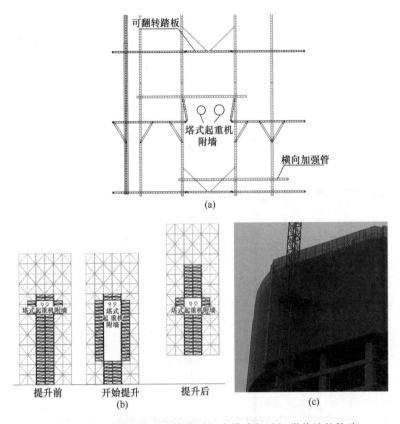

图 1-17 装配式附着式升降脚手架在塔式起重机附着处的构造

(a) 可翻转走道板；(b) 可翻转防护网；

(c) 塔式起重机附着实例

工升降机升到屋顶（图 1-18）。

施工升降机上部架体上不得设置卸料平台。

2）建筑结构主体施工时，施工升降机伸入附着式升降脚手架架体两层；装修施工时应将施工升降机部位的架体断开（与施工升降机的间距为 200～300mm），将施工升降机升到屋顶。架体断开处侧面及水平要进行封闭（图 1-19）。

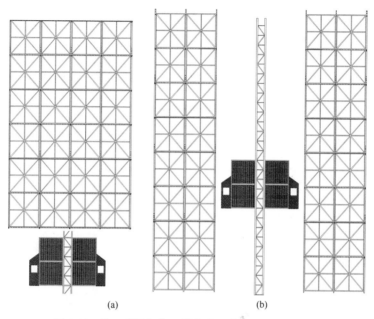

图 1-18　施工升降机位于附着式升降脚手架下示意图

（a）提升阶段；（b）下降阶段

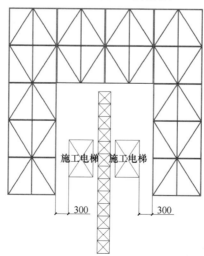

图 1-19　施工升降机伸入附着式升降脚手架内示意图

3. 卸料平台与附着式升降脚手架的关系

（1）卸料平台的类型

1）移动式卸料平台

该平台是通过塔式起重机进行上下楼层间移动的卸料平台。

2）升降式卸料平台

该平台是通过自升提升设备进行上下楼层间移动的卸料平台。

附着式升降卸料平台可分为斜拉式和斜撑式（图 1-20）。

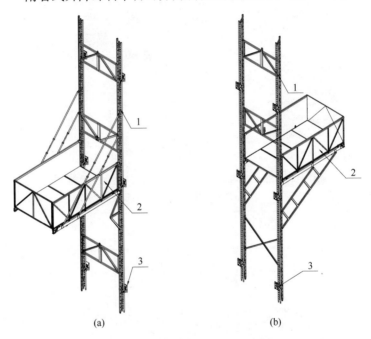

图 1-20　附着式升降卸料平台示意图

（a）升降卸料平台（斜拉式）；（b）升降卸料平台（斜撑式）

1—导轨；2—平台；3—附着支承

（2）卸料平台与附着式升降脚手架的关系

卸料平台不得与附着式升降脚手架各部位和各结构构件相连，其荷载应直接传递给建筑工程结构。卸料平台上方架体要进行水平封闭。

1）移动式卸料平台固定于附着式升降脚手架架体底部楼层上。该平台中的一种是与附着式升降脚手架架体底部断开，附着式升降脚手架提升后，用塔式起重机将卸料平台吊到上一楼层固定（图1-21）。

图1-21　附着式升降脚手架在卸料平台处架体底部断开

另一种是与附着式升降脚手架架体底部不断开，架体预留一个洞口，附着式升降脚手架提升前用塔式起重机将卸料平台吊到地面，附着式升降脚手架提升后，再用塔式起重机将卸料平台吊到上一楼层固定（图1-22）。

图1-22　附着式升降脚手架在卸料平台处预留洞口

2）升降式卸料平台一般在附着式升降脚手架架体下部预留两层楼高洞口，附着式升降脚手架提升后，升降式卸料平台再自行提升固定（图1-23）。

图 1-23　卸料平台自行提升

4. 建筑模板支撑体系与附着式升降脚手架的关系

（1）建筑模板支撑体系分类

建筑工地常用模板体系有钢木模板体系（竹、木胶合板模板与扣件式或承插式钢管支架）、铝合金模板体系等。

（2）建筑模板支撑体系与附着式升降脚手架的关系

1）建筑工程钢木模板体系一般配置三层模板材料周转，材料需用卸料平台转运，当最下层模板材料转运后再提升附着式升降脚手架。提升后最上层的附着式升降脚手架附着支座位置的模板往往没有拆除，最上层附着支座因此不能及时安装，需设置连墙件使附着式升降脚手架架体与建筑结构临时拉接（图 1-24）。

图 1-24　钢木模板体系

附着式升降脚手架作为一种作业架，不得将模板支架支撑在附着式升降脚手架上；模板支架外边与附着式升降脚手架架体内边的间距不得小于200mm，以防止提升过程中模板支撑架阻碍附着式升降脚手架的提升。钢筋绑扎作业时，不得移动附着支座穿墙螺栓预埋管，不得破坏附着式升降脚手架防护网。混凝土浇筑作业时，振捣棒应尽量避开预埋好的穿墙螺栓预埋管，避免将穿墙螺栓预埋管振坏、移位。

2）铝合金模板体系一般配置一层模板、三层独立支撑，材料通过楼板预留洞口由人工向上转运，不用设置卸料平台（图1-25）。

铝合金模板外墙承接模板（K模）应在上一层混凝土浇筑后，再拆除下一层承接模板，附着式升降脚手架附着支座预埋螺栓孔应埋于承接模板下，以便不能及时拆模时安装附着支座。

铝合金模板及支架材料不得堆放在附着式升降脚手架架体上，不得通过架体提升将模板材料转运到上一楼层使用（图1-25）。

图1-25 铝合金模板体系

当附着式升降脚手架架体遇到塔式起重机、施工升降机、卸料平台需断开或开洞时，断开处应加设栏杆和封闭，开口处应有可靠的防止人员及物料坠落的措施。

架体因碰到塔式起重机、施工升降机、卸料平台等设施而断开时，对开洞处架体结构应采取可靠的加强措施。

附着式升降脚手架施工设计时，架体分片处应避开塔式起重机附着装置、施工电梯位置，卸料平台不应设置在架体分片处、转角及拆线部位。

二、专业技术理论

（一）附着式升降脚手架的专业名词、术语

1. 附着式升降脚手架

其为有一定高度并连接在建筑工程结构上，沿建筑物周边搭设的外防护脚手架，依靠自身的升降设备和装置，可随建筑工程结构逐层爬升和下降，具有防止架体倾覆、坠落的装置。

2. 架体结构

附着式升降脚手架的架体结构由竖向主框架、水平支承桁架和架体构架三部分组成。

3. 附墙支座

其为直接附着在建筑工程结构上，并与竖向主框架相连，承接并传递脚手架自重载荷和施工载荷，承担升降动力、防倾覆、防坠落功能的支承结构。

4. 竖向主框架

其为垂直于建筑物外立面，并与导轨连接，主要承受和传递架体竖向和水平荷载的竖向框架结构。

5. 水平支承桁架

其连接相邻两榀竖向主框架，主要承受架体立杆传递的竖向荷载，并将竖向荷载传递至竖向主框架。

6. 架体构架

其为位于相邻两竖向主框架之间与水平支承桁架相连接的架体，是附着式升降脚手架架体结构的组成部分，主要有两种连接方式，一是钢管扣件连接方式，二是矩管螺栓连接方式，是操作人员作业场所。

7. 升降机构

其为控制架体上升和下降的动力装置，主要有电动葫芦和液压升降两种。

8. 防倾覆装置

其为防止架体在升降和使用过程中发生倾覆的装置。

9. 防坠落装置

其为架体在升降或使用过程中发生意外坠落时的制动装置。

10. 同步控制装置

其在架体升降中控制各升降点的升降速度，使各升降点的荷载或高差在设计范围内，即控制各点相对垂直位移的装置。

11. 导轨

其设置在竖向主框架上，与附墙支座相连，引导架体上升和下降的轨道。

12. 架体高度

其为架体最底层杆件轴线至架体最上层横杆（护栏）轴线间的距离。

13. 架体宽度

其为架体内、外排立杆轴线之间的水平距离。

14. 架体支承跨度

其为两相邻竖向主框架中心轴线之间的距离。

15. 悬臂高度

其为在一个机位处，架体最高附墙支座以上的架体高度。

16. 悬挑长度

其为架体水平方向的悬挑长度，即架体竖向主框架中心轴线至架体端部立面之间的水平距离。

（二）附着式升降脚手架的用途、基本构造

1. 附着式升降脚手架的用途

建筑结构在进行施工时，例如，搭设模板，铺设钢筋，混凝

土浇筑，外墙装饰等，应根据安全要求，在建筑结构外围设置安全防护设施，防止各种物件及施工人员高空坠落，同时该设施也是施工人员的安全操作平台。

目前我国广泛用于高层建筑结构施工和外墙装饰的防护架主要有：

（1）落地式扣件式钢管脚手架，俗称落地架，即从地面到建筑物顶部的全高度防护。

（2）悬挑式钢管脚手架，俗称挑架，是用型钢从楼面挑出去，在其上搭设的具有一定高度的钢管脚手架，其随建筑物的升高，需要频繁地拆掉再搭建。

由于受到钢管受压稳定性的限制，扣件式钢管脚手架和悬挑式脚手架一次搭设高度都受到限制。扣件式钢管脚手架基本不能用于高层建筑施工，悬挑式脚手架用于高层施工时需要多次搭设才能满足施工需要，搭设和拆卸工作量大。

附着式升降脚手架由于采用了提升设备，可以依靠自身的升降装置随着建筑物不断升高而升高，施工完成之后，还可借助自身动力下降到地面进行拆卸。附着式升降脚手架可以在一次搭设一定高度（一般不超过 5 倍建筑层高）之后，经过多次提升来满足高层和超高层建筑的施工需要。由于附着式升降脚手架一次搭设的高度不高，可以节约大量的钢材和人工成本，对降低建筑施工的人力成本和材料消耗，具有显著的经济效益和明显的社会效益。自附着式升降脚手架诞生以来，在我国高层和超高层建筑施工中得到了广泛应用。

2. 附着式升降脚手架的基本构造

附着式升降脚手架架体连接主要有两种方式，一是钢管扣件连接，二是矩管螺栓连接。

（1）钢管扣件连接的基本构造（典型实例）

其主要由水平支撑桁架、竖向主框架、附墙支座、升降用的环链电动葫芦、外立面封闭设施、底部封闭设施、脚手板、架体构架组成，其中架体构架由焊接钢管 $\phi 48 \times 3.5$ 与扣件连接而成

（图 2-1）。

底部封闭设施一般采用花纹钢板，封闭严实，脚手板一般采用钢筋制作的网片、钢跳板、竹跳板。

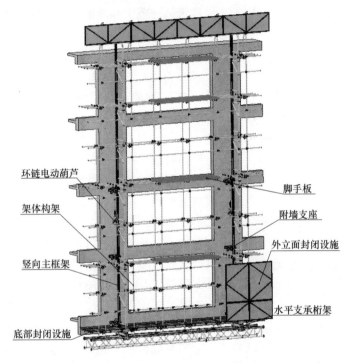

图 2-1 钢管扣件式附着式升降脚手架

1）钢管扣件

钢管连接的方式有直角固定连接、任意角转动连接和对接，对应有三种扣件（图 2-2）。

2）水平支撑桁架

水平支撑桁架是整个架体的竖向承力结构件，由两片平面焊接的桁架通过长、短腹杆连接成空间桁架结构，并由多个单元桁架连接成绕建筑物一圈的水平支撑桁架（图 2-3）。

3）竖向主框架

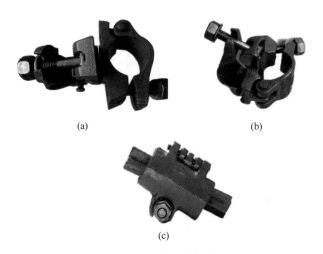

图 2-2　钢管连接扣件

（a）旋转扣件；（b）直角扣件；（c）对接扣件

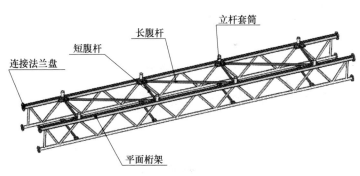

图 2-3　水平支撑桁架单元

　　竖向主框架主要将架体上的各种载荷传递到建筑物上，其上有导轨槽，防坠齿板，杆件组成的焊接平面桁架，由多个平面桁架连接成整体竖向主框架（图 2-4）。

　　4）附墙支座

　　附墙支座主要将架体的载荷传递给建筑物，是一个装配体，支座本体为焊接件，通过穿墙螺杆固定在建筑墙上，其上装配有防坠支撑顶杆、导向件、复位弹簧等（图 2-5）。

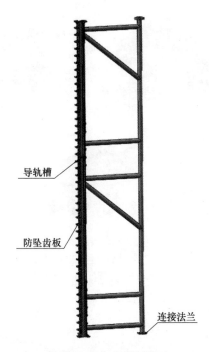

导轨槽

防坠齿板

连接法兰

图 2-4　竖向主框架单元

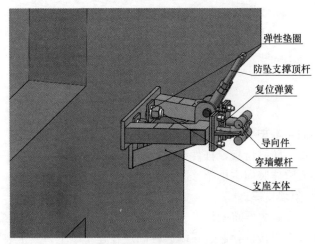

弹性垫圈

防坠支撑顶杆

复位弹簧

导向件

穿墙螺杆

支座本体

图 2-5　附墙支座

5）升降装置

升降装置由环链电动葫芦、上挂点和下挂点组成，电动葫芦收紧链条时，脚手架上升，下放链条时，脚手架下降，链条的拉力通过上挂点的附墙支座传给建筑物（图2-6）。

6）外立面封闭设施

外立面封闭设施有密目安全网和钢网窗，目前主要是用钢网窗，这种封闭较前者更加安全可靠（图2-7）。

（2）矩管螺栓连接的基本构造（典型实例）

其主要由水平支撑桁架、竖向主框架、附墙支座、升降用的环链电动葫芦、底部封闭设施、外立面防护网、脚手板、架体构架等组成，其中架体构架为焊接矩管，用螺栓连接而成（图2-8）。

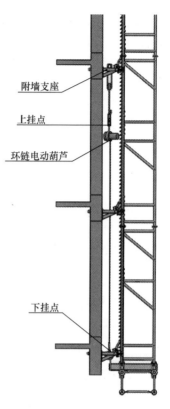

图2-6 升降装置

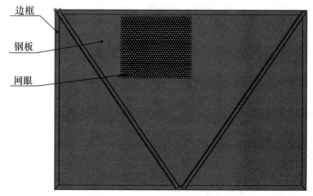

图2-7 外立面封闭单元

底部封闭设施一般采用花纹钢板，封闭严实，脚手板一般采用钢板网、钢跳板等。

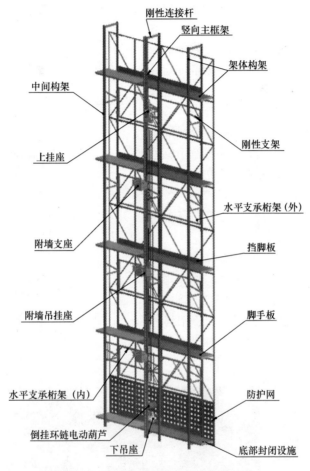

图 2-8　矩管螺栓式附着式升降脚手架

1）水平支撑桁架

水平支撑片桁架其上打有排孔，用螺栓连接在内外排立杆和竖向主框架上，是架体的竖向承力结构件（图 2-9）。

2）竖向主框架

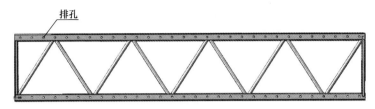

图 2-9　水平支撑片桁架

竖向主框架主要由导轨标准节、外立杆、刚性支架等构件组成，通过螺栓连接形成稳定承力框架（图 2-10）。

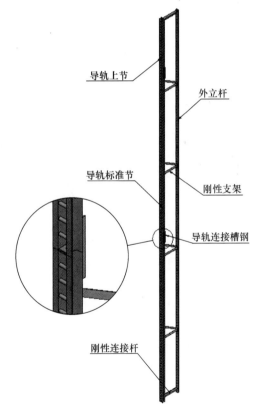

图 2-10　竖向主框架

3）附墙支座

附墙支座主要将架体的载荷传给建筑物，是一个装配体，支座本体为焊接件，通过穿丝杆固定在建筑墙上，其上装配有卸荷装置、防倾导轮、防坠转轮等（图 2-11）。

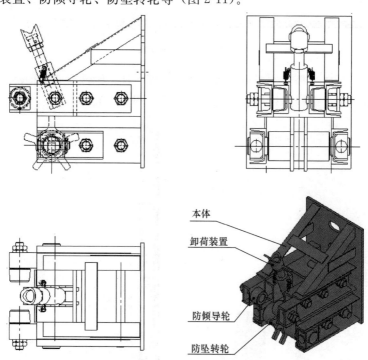

本体

卸荷装置

防倾导轮

防坠转轮

图 2-11　附墙支座

4）升降装置

此实例的升降装置是环链电动葫芦倒挂式，上挂点通过专用附墙支座连接建筑物，下挂点直接连接倒挂葫芦。电动葫芦收紧链条时，脚手架上升，下放链条时，脚手架下降，链条的拉力通过上挂点的附墙支座传给建筑物（图 2-12）。

5）外立面封闭设施

外立面封闭设施采用钢网窗，由网窗单元组装成外立面封闭，固定在立杆上面（图 2-13）。

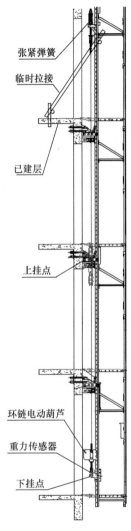

张紧弹簧

临时拉接

已建层

上挂点

环链电动葫芦

重力传感器

下挂点

图 2-12　升降装置

（3）液压升降基本结构

此架体的升降动力为液压升降装置，不同于环链电动葫芦，其他结构形式同环链电动葫芦相似，在此不重复叙述（图2-14）。

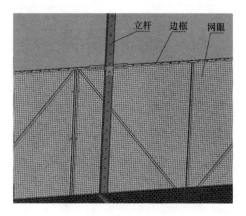

图 2-13 外立面封闭设施

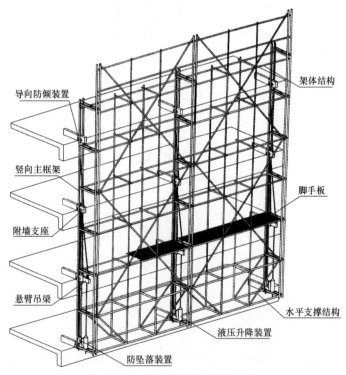

图 2-14 附着式液压升降脚手架

（三）附着式升降脚手架的主要类型和结构特点

1. 按升降动力分类

1）环链电动葫芦升降类。

2）液压升降类。

2. 按提升点位置分类

1）偏心提升，即提升下挂点在架体的内侧，提升力线不在架体的内外排的中心上（图 2-15）。

2）中心提升，即提升下挂点在架体的内外排的中心上（图 2-16）。

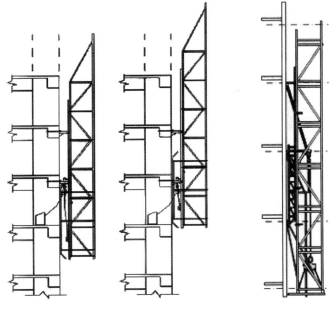

图 2-15　偏心提升示意图　　　图 2-16　中心提升示意图

3. 按提升葫芦安装位置分类

1）正挂电动葫芦，即葫芦挂在上挂点，葫芦相对于建筑物不动（图 2-17）。

2）倒挂电动葫芦，即葫芦挂在下挂点，葫芦随架体的升降而升降（图 2-18）。

葫芦正挂

图 2-17　葫芦正挂

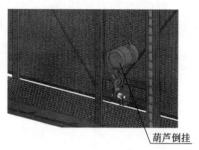

葫芦倒挂

图 2-18　葫芦倒挂

4. 按防坠类型分类

1）顶杆防坠（图 2-19）。

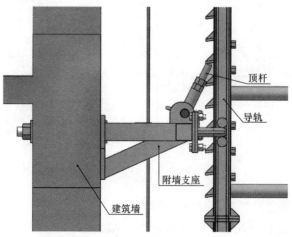

顶杆

导轨

附墙支座

建筑墙

图 2-19　顶杆防坠

2）速度激发防坠，防坠转轮超速时触发防坠（摆块防坠相同）（图 2-20）。

3）穿芯杆防坠，属于摩擦防坠。

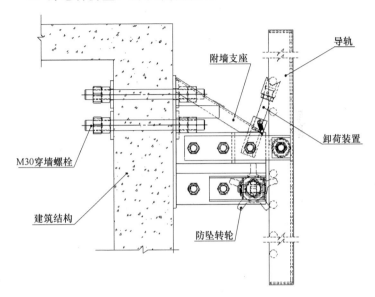

图 2-20　速度激发防坠

5. 按架体构造杆件连接方式分类

1）架体构造杆件由焊接钢管 $\phi48\times3.5$ 与扣件连接。

2）架体构造杆件由焊接矩管与螺栓连接。

（四）附着式升降脚手架沿建筑物周围布置图

1. 机位布置图（典型实例）

附墙支座位置表示机位的位置，也是竖向主框架的安装位置。图中包含的信息有：机位相对于建筑结构的定位距离，机位与机位之间的距离，机位的编号 DD11～DD14，附墙支座的长度，附墙支座底板的安装位置（图 2-21）。

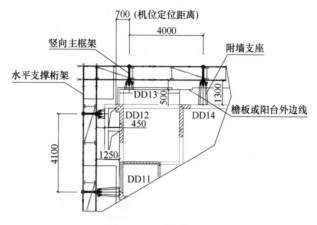

图 2-21 机位布置图

2. 塔式起重机附墙处布置图 (典型实例)

架体在升降过程中，塔式起重机附墙支臂与架体干涉，此处可设置方便拆卸安装的活动架，图中标出了塔式起重机附墙支臂的位置及水平支撑桁架的规格（图 2-22）。

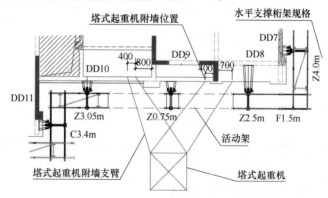

图 2-22 塔式起重机位置图

3. 施工升降机位置图 (典型实例)

有些施工升降机需要伸入架体里面，有些施工升降机只需在架体的下方运行，本图表示的是伸入架体里面运行的施工升降机，图中给出了施工升降机与机位 DD7 的距离，架体预留洞口的尺寸，伸入架体 6 步架信息（图 2-23）。

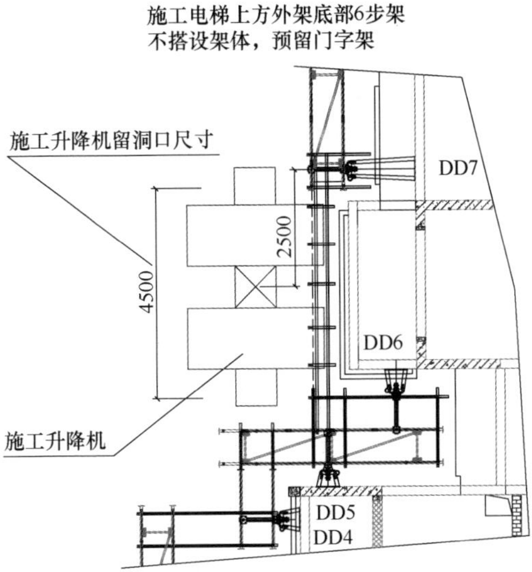

施工电梯上方外架底部6步架
不搭设架体，预留门字架

施工升降机留洞口尺寸

施工升降机

图 2-23　施工升降机位置图

4. 卸料平台位置、分片处位置图（典型实例）

图中标明了卸料平台宽度、位置尺寸，卸料平台在防护架的第一层设置，图中标明了架体分片处位置和分片处宽度（图 2-24）。

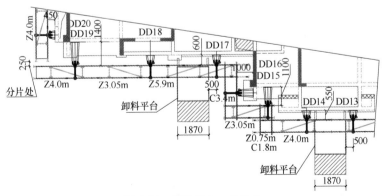

图 2-24　卸料平台、分片处

（五）附着式升降脚手架安全装置原理、结构特点、维护方式

升降脚手架的安全装置，有顶杆防坠、速度激发防坠和穿芯杆防坠，本部分内容主要叙述常用的顶杆防坠和速度激发防坠的原理、结构特点、维护方式。

1. 顶杆防坠

（1）架体上升防坠

防坠支撑顶杆在复位弹簧的作用下始终压向齿板，齿板只能做上升运动，不能向下坠落，这是顶杆防坠原理，架体因故向下坠落时，顶杆可及时顶住齿板，阻止架体的坠落（图 2-25）。

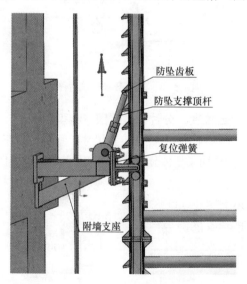

防坠齿板
防坠支撑顶杆
复位弹簧
附墙支座

图 2-25　上升防坠原理

（2）架体下降防坠

架体下降时，触发弹簧在架体的自重和载荷作用下压缩到极限位置，收紧索具螺旋扣，使防坠支撑顶杆处于竖直位置，防坠

支撑顶杆起支撑作用，架体可顺利下降（图 2-26）。

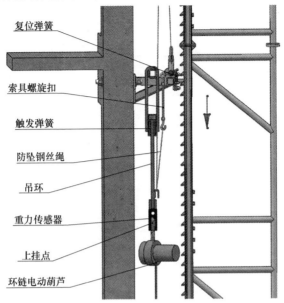

复位弹簧

索具螺旋扣

触发弹簧

防坠钢丝绳

吊环

重力传感器

上挂点

环链电动葫芦

图 2-26　下降防坠顶杆位置

　　如果葫芦链条拉断，或其他原因使得葫芦链条不受力，则触发弹簧失去足够的压力而向上伸展，带动吊环向上移动，防坠钢丝绳松弛，防坠支撑顶杆在复位弹簧的作用下顶着防坠齿板，从而起到防坠作用（图 2-27）。

　　（3）防坠装置维护

　　需要重点检查的是，复位弹簧生锈情况，永久变形情况，及时更换不符合要求的复位弹簧。下滑使用前松弛葫芦链条，检查触发弹簧是否触发防坠，对弹簧要求涂油防锈。

　　2. 速度激发防坠

　　速度激发防坠有转轮式和摆块式，本书针对转轮式作描述，摆块式的原理相似。

　　（1）转轮防坠原理

　　轮式防坠器的防坠原理如下：防坠的主要工作零件是转轮、

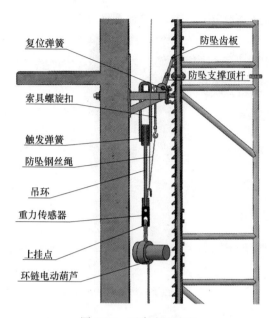

图 2-27　下降防坠状态

轮轴、活动销键（滑键）等，其中转轮可以绕轮轴转动，轮轴固定不动（图 2-28）。

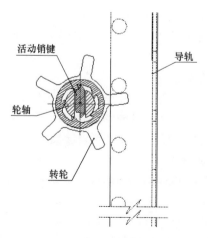

图 2-28　转轮速度激发防坠

架体在上升运动时，转轮逆时针转动，活动销轴上下运动，由于转轮内单向棘轮齿的作用，转轮的转动不受转动速度的影响。

架体在做下降运动时，转轮做顺时针转动，转轮在设计定制的缓慢转动速度内时，活动销键在转轮轴竖向槽中滑动，利用自身的重力自动向下复位，向下复位时间是定值，即在此段距离内的自由落体时间中，架体的下降速度在一个格构内的时间大于活动销轴的自由落体时间，转轮可以自由转动而不被卡死，架体正常下降。当转轮转动速度突然加快时，也即架体坠落时，一个格构的转动时间小于活动销轴的自由落体复位时间，活动销键上端的销舌卡入转轮键槽内，即活动销键的销舌钩住了转轮的内棘齿，转轮即刻自锁制动，导轨不能向下运动，从而起到架体的防坠制动作用。

（2）转轮防坠的维护

转轮进入现场之前，应按转轮的企业检测标准做检测，在运行过程中无需做维护。

（六）附着式升降脚手架提升机构工作原理及电路图

1. 架体爬升原理

将最低楼层的附墙支座拆除，安装到最高楼层，保证每个机位有 3 个防墙支座启动提升机构，架体即可向上运行一层楼，在架体的防护下开展楼面的建筑施工活动，然后再做下一层的提升工作。升降脚手架就这样逐个楼层上升，下降原理同上升原理（图 2-29）。

2. 正挂电动葫芦装置升降原理

正挂葫芦的上挂钩同葫芦在一起，通过吊环将力传递给附墙支座，下挂钩挂在架体底部，其力直接传给水平支撑桁架，电动葫芦的转动带动升降链条上下运动，通过游轮使动滑轮起升，从而带动架体的升降，多余的链条体现在环链的长短上（图 2-30）。

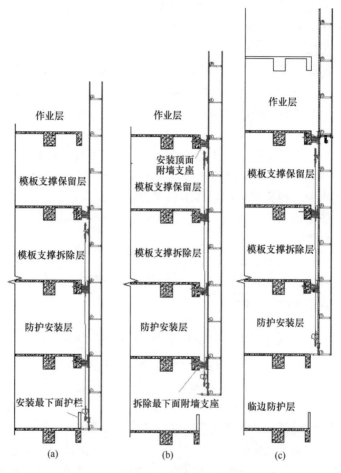

图 2-29　架体提升示意

（a）提升准备阶段示意图；（b）提升示意图；（c）提升完成后使用示意图

3. 倒挂电动葫芦装置升降原理

倒挂葫芦的下挂钩同葫芦在一起，下挂钩挂在架体的底部，循环钩总成同附墙支座相连接，设置了系列滑轮组合，使得电动葫芦正反转，带动循环总成的上下运动，从而带动架体的升降运动，张紧弹簧将环链拉直，循环钩总成在上挂总成和电动葫芦之间做上下运动（图 2-31）。

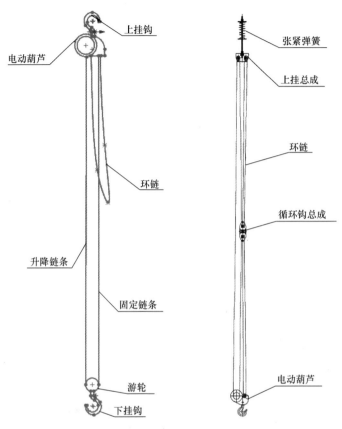

图 2-30　正挂葫芦升降原理　　　　图 2-31　倒挂葫芦升降原理

4. 电动葫芦控制电路

主控制电路可实现整个电机的正反转、单个电机的正反转，达到灵活控制的目的，控制电路中加入了必要的安全保护开关，因同步控制系统较专业化，这里不再叙述（图 2-32）。

控制箱分为总控箱和分控箱，机位的载荷信号输入对应的分控箱，分控箱可独立控制该机位的电机正反转，总控箱控制群电机的正反转，同时也是载荷同步控制的中心处理器（图 2-33）。

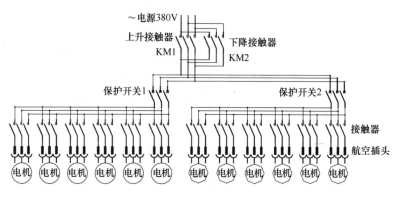

图 2-32　电机控制主电路

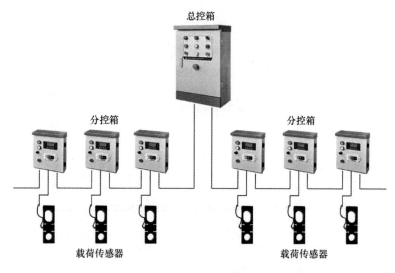

图 2-33　控制箱

（七）附着式升降脚手架的验收内容和方法

1. 检查内容

（1）架体总高度应与施工方案相符，且不应大于所在建筑楼层的 5 倍层高。

（2）架体支承跨度应符合设计要求，直线布置的架体支承跨度不应大于 7m，并参照各公司的具体规定而定。折线或曲线布置的架体，相邻两个竖直主框架支撑点处的架体外侧距离不得大于 5.4m。

（3）架体的水平悬挑长度不应大于 1/2 水平支承跨度，并不应大于 2m，单跨式附着式升降脚手架架体的水平悬挑长度不应大于 1/4 支承跨度。

（4）架体全高与支承跨度的乘积不应大于 110m²。

（5）相邻提升机位间的高差不得大于 30mm，整体架最大升降差不得大于 80mm。

（6）竖向主框架的垂直偏差不应大于 5/1000，且不应大于 60mm。

（7）在升降和使用工况下，架体悬臂高度均不应大于架体高度的 2/5，并不应大于 6m。

（8）附墙支座锚固螺栓应采取防松措施，螺栓露出母端部的长度不应小于 3 倍螺距，并不应小于 10mm。

（9）附墙支座锚固螺栓垫板规格不应小于 100mm×100mm×10mm。

（10）在升降机工况下，最上和最下两个导向件之间的最小间距不应小于架体高度的 1/4 或 2.8m。

（11）防坠装置与提升设备严禁设置在同一附墙支承结构上。

（12）每个附墙支座上均应配置防倾装置。

（13）防坠装置在使用和升降工况下均应设置在竖向主框架部位，并应附着在建筑物上，每个升降机位不应少于一处。

（14）作业层外侧应设置 1.2m 高的防护栏杆和 180mm 高的挡脚板。

2. 首次安装完毕的检查表

见表 2-1。

附着式升降脚手架首次安装完毕及使用前检查验收表　表 2-1

工程名称			结构形式	
建筑面积			机位布置情况	
总包单位			项目经理	
租赁单位			项目经理	
安拆单位			项目经理	

序号	检查项目		标　准	检查结果
1	保证项目	竖向主框架	各节点应焊接或螺栓连接	
2			相邻竖向主框架的高差≤30mm	
3		水平支承桁架	桁架上、下弦应采用整根通长杆件，或设置刚性接头；腹杆上、下弦连接应采用焊接或螺栓连接	
4			桁架各杆件的轴线应相交于节点上，并宜用节点板构造连接，节点板的厚度不得小于6mm	
5		架体构造	空间几何不可变体系的稳定结构	
6		立杆间距	应符合现行行业标准《建筑施工扣件式钢管脚手架安全技术规范》JGJ 130 中的小于等于1.5m 的要求	
7		纵向水平杆的步距	应符合现行行业标准《建筑施工扣件式钢管脚手架安全技术规范》JGJ 130 中的小于等于1.8m 的要求	
8		剪刀撑设置	水平夹角应为45°～60°	
9		脚手板设置	架体底部铺设严密，与墙体无间隙，操作层脚手板应铺满、铺牢，孔洞直径小于25mm	
10		扣件拧紧力矩	40～65N·m	
11		附墙支座	每个竖向主框架所覆盖的每一楼层处应设置一道附墙支座	
12			在使用工况中，应将竖向主框架固定于附墙支座上	
13			在升降工况中，附墙支座上应有防倾、导向的结构装置	

序号	检查项目		标　准	检查结果
14	保证项目	附墙支座	附墙支座应采用锚固螺栓与建筑物连接，受拉螺栓的螺母不得少于两个或采用单螺母加弹簧垫圈	
15			附墙支座支承在建筑物上连接处混凝土的强度应按设计要求确定，但不得小于 C15	
16		架体构造尺寸	架高≤5 倍层高	
17			架体全高×支承跨度≤110m²	
18			支承跨度直线型≤7m	
19			支承跨度折线或曲线形架体，相邻两主框架支撑点处的架体外侧距离≤5.4m	
20			水平悬挑长度不应大于 2m，不应大于跨度的 1/2	
21			升降工况上端悬臂高度不应大于 2/5 架体高度且不应大于 6m	
22			水平悬挑端以竖向主框架为中心，对称斜拉杆水平夹角≥45°	
23		防坠落装置	防坠落装置应设置在竖向主框架处并附着在建筑结构上	
24			每一升降点不得少于一个，在使用和升降工况下都能起作用	
25			防坠落装置与升降设备应分别独立固定在建筑结构上	
26			应具有防尘防污染的措施，并应灵敏可靠、运转自如	
27			钢吊杆式防坠落装置，钢吊杆规格应由计算确定，且不应小于 φ25mm	
28			防倾覆装置中应包括导轨和两个以上与导轨连接的可滑动的导向件	

序号	检查项目		标　准	检查结果
29	保证项目	防倾覆装置设置情况	在防倾导向件的范围内应设置防倾覆导轨,且应与竖向主框架可靠连接	
30			在升降和使用两种工况下,最上和最下两个导向件之间的最小间距不得小于 2.8m 或架体高度的 1/4	
31			应具有防止竖向主框架倾斜的功能	
32		同步装置设置情况	连续式水平支承桁架,应采用限制荷载自控系统	
33			简支静定水平支承桁架,应采用水平高差同步自控系统,若设备受限时可选择限制荷载自控系统	
34	一般项目	防护设施	密目式安全立网规格型号≥2000 目/100cm^2,≥3kg/张	
35			防护栏杆高度为 1.2m	
36			挡脚板高度为 180mm	
37			架体底层脚手板铺设严密,与墙体无间隙	

检查结论

检查人签字	总包单位	分包单位	租赁单位	安拆单位

符合要求,同意使用　　　　　(　　)

不符合要求,不同意使用　　(　　)

总监理工程师(签字):　　　　　　　　　　　　　年　　月　　日

3. 提升、下降前的检查表

见表 2-2。

附着式升降脚手架提升、下降作业前检查验收表　　表 2-2

工程名称			结构形式	
建筑面积			机位布置情况	
总包单位			项目经理	
租赁单位			项目经理	
安拆单位			项目经理	

序号	检查项目		标　　准	检查结果
1	保证项目	支承结构与工程结构连接处混凝土强度	达到专项方案计算值，且≥C15	
2		附墙支座设置情况	每个竖向主框架所覆盖的每一楼层处应设置一道附墙支座	
3			附墙支座上应设有完整的防坠、防倾、导向装置	
4		升降装置设置情况	单跨升降式可采用手动葫芦；整体升降式应采用电动葫芦或液压设备；旋转方向正确；控制柜工作正常，功能齐备	
5		防坠落装置设置情况	防坠落装置应设置在竖向主框架处并附着在建筑结构上	
6			每一升降点不得少于一个，在使用和升降工况下都能起作用	
7			防坠落装置与升降设备应分别独立固定在建筑结构上	
8			应具有防尘防污染的措施，并应灵敏可靠、运转自如	
9			设置方法及部位正确，灵敏可靠，不应人为失效和减少	
10			钢吊杆式防坠落装置，钢吊杆规格应由计算确定，且不应小于 $\phi 25mm$	

序号	检查项目		标　　准	检查结果
11	保证项目	防倾覆装置设置情况	防倾覆装置中应包括导轨和两个以上与导轨连接的可滑动的导向件	
12			在升降和使用两种工况下，最上和最下两个导向件之间的最小间距不得小于2.8m或架体高度的1/4	
13		建筑物的障碍物清理情况	无障碍物阻碍外架的正常滑升	
14		架体构架上的连墙杆	应全部拆除	
15		塔式起重机或施工电梯附墙装置	符合专项施工方案的规定	
16		专项施工方案	符合专项施工方案的规定	
17	一般项目	操作人员	经过安全技术交底并持证上岗	
18		运行指挥人、通信设备	人员已到位，设备工作正常	
19		监督检查人员	总包单位和监理单位人员已到场	
20		电缆线路、开关箱	符合现行行业标准《施工现场临时用电安全技术规范》JCJ46中对线路负荷计算的要求；设置专用的开关箱	

检查结论				
检查人签字	总包单位	分包单位	租赁单位	安拆单位

符合要求，同意使用　　　　　（　　　）
不符合要求，不同意使用　　（　　　）

总监理工程师签字：　　　　　　　　　　　年　月　日

62

三、安全操作技能

（一）管扣式附着式升降脚手架的搭设方法

1. 搭设前进行安全技术交底

搭设前应对操作人员进行安全教育及技术交底，交代清楚脚手架的服务范围，搭设的重点、难点、搭设要求，以及相关规定及要求等。

2. 搭设辅助架

（1）利用现场双排落地式脚手架作为附着式升降脚手架的安装平台，平台应做好与建筑物连墙和斜撑减力等工作。平台的宽度应大于附着式升降脚手架双排宽度。每个方向的平台应调整成水平。为了保证安装期间的安全，在辅助架搭设完毕后应在其下方张拉尼龙网，搭设高度≤9m 的如图 3-1 所示。搭设高度大于1 层楼高的必须设置连墙杆。

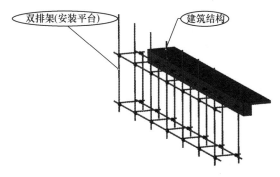

图 3-1　双排辅助脚手架示意图

（2）若双排脚手架搭设高度＞9m，应在顶部二层设置连墙杆及斜撑减力，如图 3-2 所示。

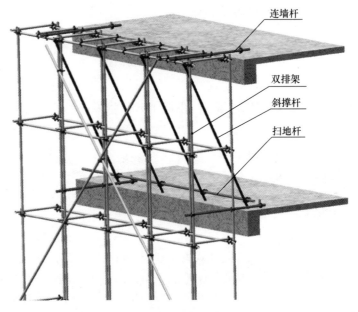

图 3-2　悬挑辅助架搭设示意图

连墙杆
双排架
斜撑杆
扫地杆

（3）利用建筑物裙房作为安装平台。

3. 安装支撑框架

（1）以地面或建筑物裙房屋面作为组装平台，将相同规格的片式支承框架用腹杆连接起来组成空间桁架。

（2）根据施工方案平面布置图，通过塔式起重机将组装好的支承框架吊放在安装平台或辅助架上，并用螺栓将相邻的支撑框架连接起来，如图 3-3 所示。

（3）根据方案要求调整内排支承框架与墙的距离，调整好后将支承框架下弦杆与辅助架水平挑杆用扣件连接起来。

（4）采用调整辅助架水平挑杆高度的办法调整支承框架，整体水平误差不超过 20mm。

（5）用带法兰盘的方钢将转角处支承框架的上弦杆用 U 形

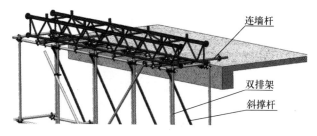

图 3-3　支撑框架放置示意图

螺栓连接起来，并用钢管、扣件将支承框架下弦杆连接起来。钢管连接必须保证每端应有不少于两个间距在 1m 左右的有效连接扣件。其连接应符合以下规定：带法兰盘的方钢一端应与支承框架的法兰盘相连，另一端通过 2 个 U 形螺栓分别与相邻支承框架的内外排上弦杆（矩形钢管）连接，转角连接如图 3-4、图 3-5 所示。

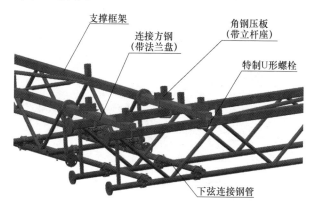

图 3-4　方钢转角连接示意图

4. 安装主框架

（1）将主框架底节与第一节标准节连接好并吊运至待安装的位置。

（2）将主框架底节搁置在支承框架上，在塔式起重机辅助下，用 U 形螺杆将支承框架上弦杆（方钢）卡在主框架底节的

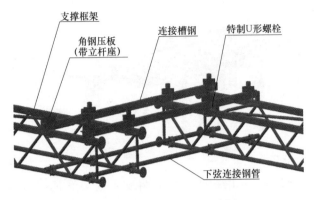

图 3-5　槽钢连接转角示意图

底梁连接板上，U 形螺杆必须配备平垫、弹垫，如图 3-6、图 3-7 所示。

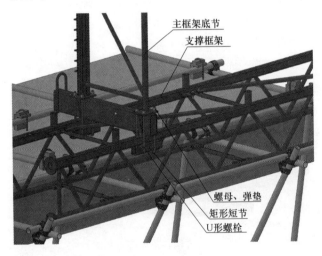

图 3-6　主框架底节安装示意图

（3）主框架与支承框架连接好后，用钢管扣件将主框架底节的主弦杆与建筑物内埋设的连接点（地锚或短钢管）连接起来，保证主框架处于稳固状态。

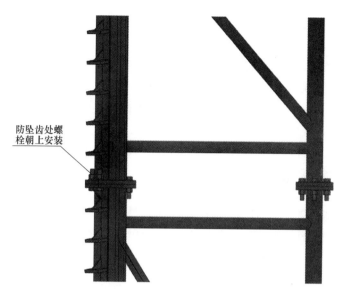

防坠齿处螺
栓朝上安装

图 3-7　主框架之间连接示意图

（4）架体第三步架搭设完毕，准备搭设第四步架之前，进行主框架第二节标准节的安装。

（5）用塔式起重机将主框架标准节按照防坠齿向下的方向吊至需要安装的位置，用法兰螺栓将标准节下端法兰盘与标准节第一节上端法兰盘连接起来。

（6）逐个吊点处主框架安装到位后，用吊线找正的办法逐步调节每处主框架与底部支撑框架的垂直度，控制垂直误差不得超过 2.5/1000。

（7）最上一节标准节安装好后，在每节标准节靠防坠齿方向安装方形封盖。在另一端，如果主框架左右 300mm 内没有立杆，则需要安装一个圆形封盖。方形封盖和圆形封盖上需设置立杆。

5. 网窗固定杆位置及顶部双排、单排位置的确定

（1）底部网窗安装上弦杆位置的确定

如图 3-8 所示，首步架网窗固定杆上表面距支撑框架上表面的距离为 1103mm，且搭设在主框架外弦（或立杆）的外侧或内侧。

横杆必须严格按照"高跨-低跨-高跨-低跨……"进行搭设，否则将导致网窗无法安装平齐。

注意：网窗固定杆作为网窗的附着物，其水平度直接影响网窗的安装，所以搭设过程中必须保证水平，搭设前应选择平直的钢管，搭设过程中也应采用有效措施保证其水平度，同时，必须拧紧其与立杆连接的扣件。

（2）底部网窗安装下弦杆位置的确定

如图 3-9 所示，扫地杆与网窗固定杆之间的距离为 870mm，外排扫地杆搭设在主框架外弦（或立杆）的外侧或内侧。

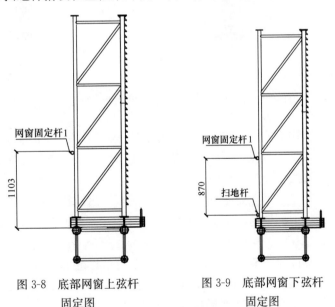

图 3-8　底部网窗上弦杆　　　　图 3-9　底部网窗下弦杆
　　　　　固定图　　　　　　　　　　　　固定图

（3）顶部内外排大横杆及单排横杆位置的确定

由于整个架体高度由网窗总尺寸确定，存在架体总高度不是1.8m（常规步距）的整数倍的情况，所以在搭设最后一步双排架时，要在保证单排架高度不小于 1.2m 的情况下，根据实际情况进行调整。

注意：大横杆搭设出头需要控制在 120mm 以内。

（4）第二步架及以上网窗固定杆位置的确定

第二步架及以上网窗固定杆搭设与首步架网窗固定杆搭设方法相同，间距为 1733mm（网窗高度），如图 3-10 所示。

注意：架体总高度及共有多少个 1733mm 或 870mm 高的网窗应根据具体工程施工方案确定。

6. 网窗安装

（1）连接件的安装方法

连接件采用钢扣件与定型钢板焊接而成，如图 3-11 所示。通过连接件把网窗与网窗杆连接起来，有高跨连接和低跨连接两种方式，如图 3-12～图 3-14 所示。

（2）网窗安装排头

选取某一片外架其中一个阳角

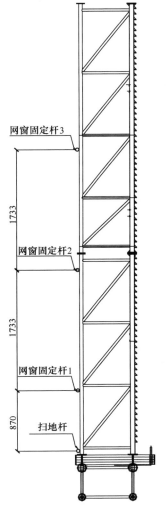

图 3-10　第二步架及以上网窗
安装示意图

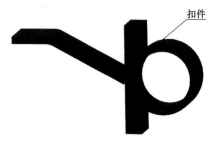

图 3-11　连接件示意图

69

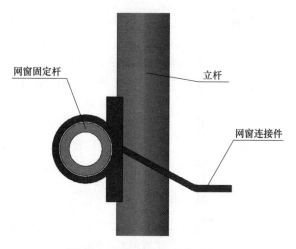

图 3-12　高跨连接件安装示意图

（扶手栏杆搭设在立杆外侧或内侧）

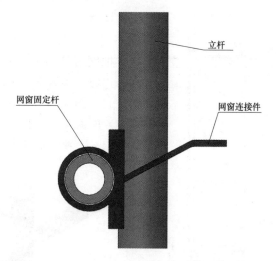

图 3-13　低跨安装示意图

作为排头位置（最好是两面均为 1198mm 宽度的标准网窗），根据"网窗平面布置图"确定对应位置的网窗规格及斜撑方向，如图 3-15、图 3-16 所示。

图 3-14 低跨安装效果图

注意：实际施工中，若该工程在底部和顶部分别设置有 870mm 的网窗，则不需要特别注意左右的区分，只要保证相邻网窗的斜撑不是同一方向即可。

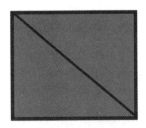

图 3-15 斜撑示意图左
（从内往外看）

图 3-16 斜撑示意图右
（从内往外看）

网窗安装方法（至少两人配合）：首先将两个连接件安装在网窗固定杆上，此时扣件螺栓不用拧紧，使其能够基本受力又能使用工具调整其水平及垂直位置，然后挂上网窗，并穿好网窗连接螺栓，通过调整连接件将网窗基本调整到位（注意高低跨），使其竖直方向外缘对齐，水平方向采用水平尺调好网窗水平度，然后紧固扣件螺栓。转角两边的网窗安装完毕后，排头结束，后续网窗以此为基准安装调整即可。

（3）首步架其余网窗安装

根据"网窗平面布置图"按照以上方法依次安装网窗，注意核对网窗规格，包括斜撑的方向及尺寸。

注意：网窗安装完成，调整到位后，一定要紧固连接件扣件螺栓，并在以后的使用过程中持续关注，随时检查扣件螺栓是否有松动现象。

（4）其余步架网窗安装

根据"网窗平面布置图"依次安装即可，注意斜撑的方向，保持整体外观形象。

（5）安装过程注意事项

在安装过程中，一定要注意所有网窗的水平及垂直度，选好角上安装网窗，并处理好角上网窗关系，如图 3-17～图 3-20 所示。每部架网窗安装完成后，一定要对网窗固定杆扣件和连接件扣件做紧固处理，保证每步架网窗的重量由改步架的网窗固定杆和连接件承担，避免整体网窗向下掉的情况出现。安装完成后如图 3-21 所示。

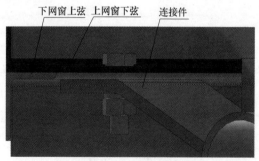

图 3-17　网窗安装图

7. 搭设架体

应根据施工方案要求在已安装的主框架、支承框架上搭设架体。架体的搭设顺序如下：支撑框架→主框架→立杆→第一步内外大横杆 → 第一步扶手栏杆→第一步短横筒和离墙挑杆→装外

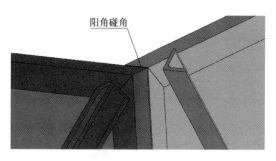

图 3-18　阳角碰角图

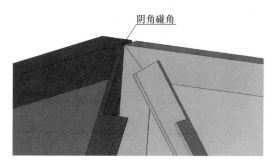

图 3-19　阴角碰角图

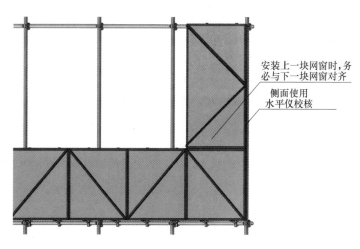

图 3-20　上下网窗对位图

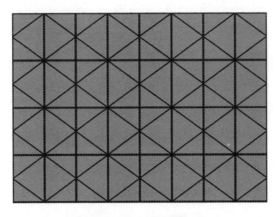

图 3-21　网窗整体效果图

立面封闭网窗→第二步内外大横杆→第二步扶手栏杆→第二步短横筒→底部扫地杆→底部短横筒→装外立面封闭网窗→第三步内外大横杆→第三步扶手栏杆→第三步短横筒和离墙挑杆……，如图 3-22 所示。

（1）立杆

立杆的垂直误差不得超过 2.5/1000；转角处应用四根立杆搭成井字形，分片处悬挑端头必须设置内外排立杆，如图 3-23 所示。立杆接长对接、搭接应符合下列规定：

1）立杆上的对接扣件应交错布置：两根相邻立杆的接头不应设置在同步内，同步内隔一根立杆的两个相隔接头在高度方向错开的距离不宜小于 500mm，如图 3-24 所示；各接头中心至主节点（大横杆与立杆相交的点）的距离不宜大于 600mm，如图 3-25 所示。

2）搭接长度不应小于 1m，应采用不少于 3 个旋转扣件固定，端部扣件盖板的边缘至杆端距离不应小于 100mm。

（2）扶手栏杆（网窗安装杆）

根据网窗尺寸调整扶手栏杆高度，在架子的断片处须设置扶手栏杆，其水平误差不应大于 2.5/1000。

（3）纵向水平杆（俗称大横杆）

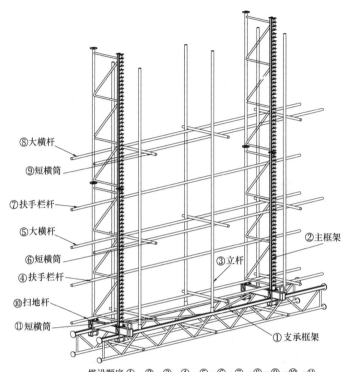

⑧大横杆

⑨短横筒

⑦扶手栏杆

⑤大横杆

⑥短横筒

④扶手栏杆

⑩扫地杆

⑪短横筒

②主框架

③立杆

①支承框架

搭设顺序 ①→②→③→④→⑤→⑥→⑦→⑧→⑨→⑩→⑪

图 3-22　架体搭设顺序示意图

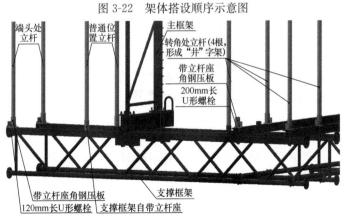

端头处立杆

普通位置立杆

主框架

转角处立杆(4根,形成"井"字架)

带立杆座角钢压板

200mm长U形螺栓

带立杆座角钢压板

120mm长U形螺栓

支撑框架

支撑框架自带立杆座

图 3-23　转角及分片处立杆示意图

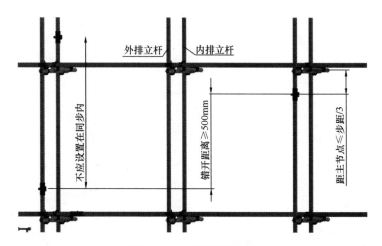

图 3-24　立杆接头示意图

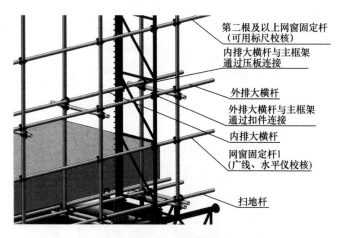

图 3-25　大横杆、扫地杆设置示意图

1) 大横杆（纵向水平杆）搭设在立杆的内侧，如图 3-26 所示，其长度不宜小于 3 倍的立杆间距；内外排架每步大横杆的步高 1800mm，大横杆水平误差不大于 2.5/1000；转角处大横杆必须相交（分片处除外）成封闭四边形，在需铺设钢筋网片的步架上增设中心大横杆。

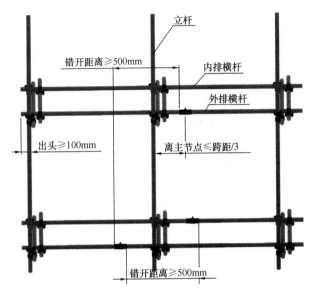

图 3-26 大横杆接头示意图

2）脚手架必须设置纵、横向扫地杆，如图 3-26 所示。纵向扫地杆应采用直角扣件固定在距底座顶部不大于 50mm 处的立杆上。横向扫地杆亦应采用直角扣件固定在纵向扫地杆上并靠近立杆 150mm 左右，横向扫地杆外端头应超出扣件压板 100mm以上，且伸出长度要保持一致，内端头离墙 100～150mm。

（4）横向水平杆（俗称短横筒）

1）在纵向水平杆与立杆相交的点处（即主节点处）必须设置一根横向水平杆，用直角扣件扣接在内外排纵向水平杆下方，在整体拆架之前严禁拆除。主节点处两个直角扣件的中心距不应大于 150mm，如图 3-27 所示。

2）作业层上非主节点处的横向水平杆，宜根据支撑钢筋网片的需要等间距设置。

（5）小斜杆

1）在转角处距离主框架大于 2m、单机位位置两端两边、架体分片处等位置必须设置小斜杆；

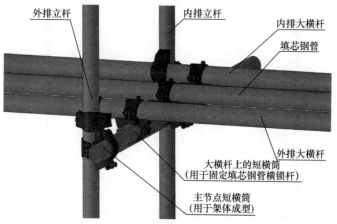

外排立杆　内排立杆　内排大横杆　填芯钢管　外排大横杆　大横杆上的短横筒（用于固定填芯钢管横锁杆）　主节点短横筒（用于架体成型）

图 3-27　短横筒及填芯钢管示意图

2）小斜杆与水平面的倾角应为 45°～60°，上下端均应设置防滑扣件；

3）对于自由端（分片处）距离主框架悬挑大于 2.0m 的架体，应在底部和第三步架上设置两根小斜杆。

（6）架体离墙较远处的处理

1）内排纵向水平杆离墙距离小于 0.8m 的位置应在横向水平杆内端头设置内锁水平杆，并在内锁水平杆上设置小斜杆。内锁水平杆长度小于 2m 的位置必须设置两根小斜杆，大于 2m 的位置每隔 2m 设置一根小斜杆。底部斜撑杆应设置在水平杆的下方，以便于离墙封闭。所有内锁水平杆必须保证离墙间隙不大于 150mm。

2）内排纵向水平杆离墙距离超过 0.8m 的位置应设置立杆，立杆离墙 300mm，间距不得超过 2m（小于 2m 也必须设置 2 根），在立杆处必须设置纵向水平杆，然后在靠近节点处设置小斜杆。小斜杆必须在底部和第三步架上设置两根，小斜杆的上下两端均应靠近节点且必须设置防滑扣件，其与水平面的倾角为 45°～65°。

（7）分片连接

分片处采用钢管在上、中、下三个位置将相邻两片外架连接起来并用钢网窗封闭。

（8）扣件安装要求

1）扣件螺栓拧紧扭矩不应小于 40N·m，并不大于 65N·m。

2）固定横向水平杆、纵向水平杆扣件的中心线距主节点的距离不应大于 150mm。

3）对接扣件的开口应朝上或朝内。

4）各杆件端头伸出扣件盖板边缘的长度不应小于 100mm。

8. 安装附着支撑装置、拉杆等相应配件

（1）标准附着支撑和加长附着支撑

附着支撑是用型钢焊接成强度大、刚度好的钢架，分为标准附着支撑和加长附着支撑，使用时用 2 根 M33 的螺栓通过设在建筑物上的预留孔将其固定在建筑物上，是整个脚手架的受力点。标准附着支撑直接使用其自带的撑腿在建筑物边梁上受力，加长附着支撑使用拉杆在下一层边梁上受力。该装置上设有导向、防倾、防坠装置，与设在主框架上的导轨（即槽钢）配合，可起导向、防倾、防坠作用。防坠装置利用棘轮棘爪的原理进行工作，固定在导轨上的防坠齿相当于一个直径无穷大的棘轮。固定在该装置上的防坠杆相当于棘爪，下降时防坠杆与环链电动葫芦的起重链间用钢丝绳连接。正常运行时，该装置不起作用，脚手架可顺利通过。当起重链断裂或环链电动葫芦承重因其他原因消失，脚手架开始下坠时，防坠装置被激活，防坠杆顶住防坠齿，防止脚手架坠落。如图 3-28～图 3-30 所示。

（2）拉杆

对于不能独立承受竖直方向作用力的附着支撑，用 Q235 $\phi20$ 的圆钢制作的上拉杆（图 3-31）将附着支撑与上一层建筑物连接起来，承受竖直方向的作用力。

（3）穿墙螺杆

穿墙螺杆将附着支撑装置固定于边梁结构上，是用钢 Q235—A 制作的双头螺纹长螺杆。使用时还应在螺帽与建筑物之间加设不小于 100mm×100mm×10mm 的垫块。每个点位设置三个附着支撑，每个附着支撑由两根穿墙螺杆固定（图 3-32、图 3-33）。

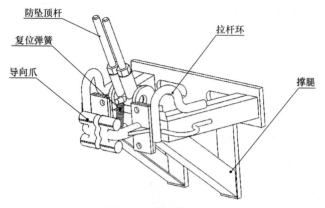

图 3-28 标准附着支撑

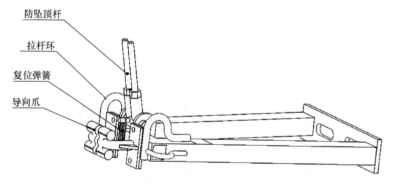

图 3-29 加长附着支撑

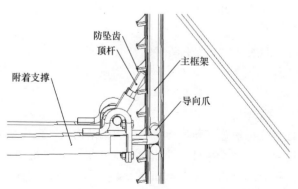

图 3-30 主框架、防坠顶杆、导向爪固定示意图

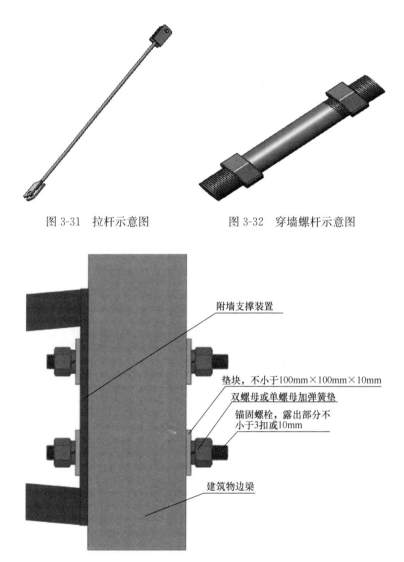

图 3-31　拉杆示意图　　　　　图 3-32　穿墙螺杆示意图

附墙支撑装置

垫块，不小于100mm×100mm×10mm

双螺母或单螺母加弹簧垫

锚固螺栓，露出部分不
小于3扣或10mm

建筑物边梁

图 3-33　穿墙螺杆安装示意图

（4）拉板

内外拉板用于连接 M33 的穿墙螺栓和螺旋扣。其承载拉杆的拉力，由厚度为 16mm 的钢板加工而成，如图 3-34 所示。

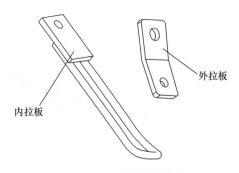

图 3-34　内外拉板示意图

（5）螺旋扣

螺旋扣用于调节拉杆的长度，以满足附着支撑的受力状况，同时也承载拉杆的拉力，如图 3-35 所示。

图 3-35　螺旋扣示意图

（6）受力节点详图

加长附着支撑安装、上拉杆、螺旋扣、内外拉板等组合受力系统，如图 3-36～图 3-39 所示。

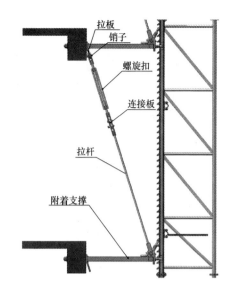

图 3-36　加长附着支撑及拉杆受力系统示意图

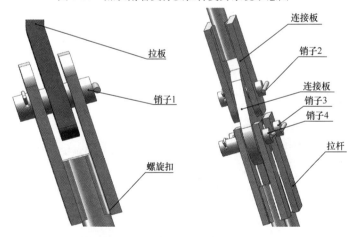

图 3-37　拉板与螺旋扣连接放大图　　图3-38　连接板处连接放大图

9. 架体内封闭

（1）底部封闭挑杆搭设

为了保证底部封闭的平整度，在底部扫地杆上应设置挑杆。

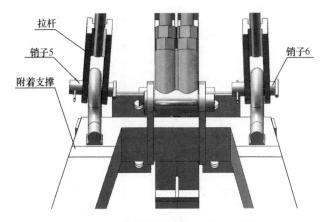

图 3-39　附着支撑与拉杆连接示意图

挑杆应等间距设置，间距为 350～600mm，离墙距离为 100～150mm，底部封闭板用锚钉或铁钉固定在挑杆上。

（2）底部封闭板铺设

为了保证底部封闭、平整、美观，封闭板宜采用拼缝安装形式，与立杆相干涉的地方应特殊制作，现场拼装，并用铆钉固定在挑杆上。各种定型钢板安装形式，如图 3-40～图 3-46 所示。

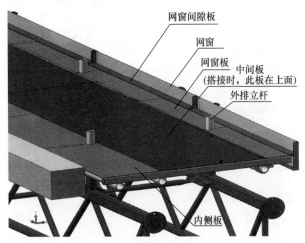

图 3-40　底部封闭板的铺设图

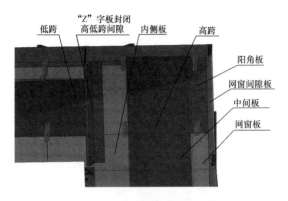

图 3-41　阳角处封闭板铺设图

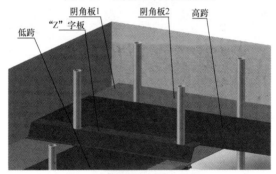

图 3-42　阴角处底部封闭铺设图

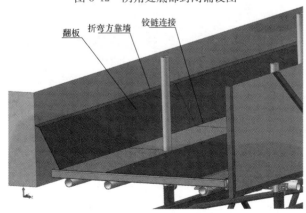

图 3-43　底部翻板封闭图

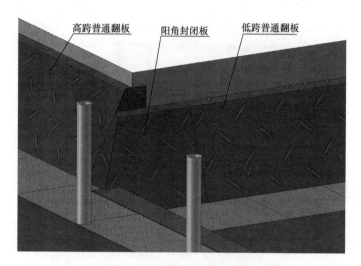

图 3-44 阳角处翻板封闭图

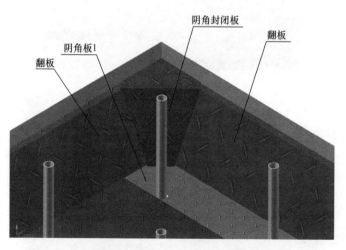

图 3-45 阴角处翻板封闭图

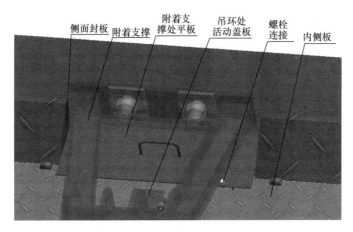

图 3-46　附着支撑处封闭图

（3）架体内其他步架的封闭

架体内其他步架的封闭应根据施工现场实际情况设置。现以钢筋网片封闭为例进行说明，如图 3-47 所示。应根据各部位情

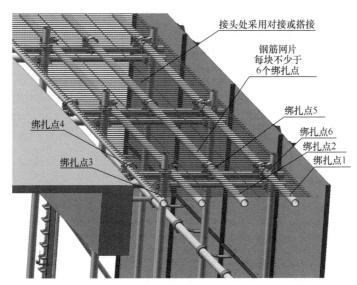

图 3-47　钢筋网片铺设示意图

况选用对应规格钢筋网片封闭严密，并用钢丝牢靠固定。

10. 跑梯设置

上人跑梯可采用钢管搭设，然后铺设木板，也可采用定型钢跑梯。现以定型钢跑梯为例进行说明。

成品钢跑梯每步架安装一节，具体高度根据施工现场搭设高度进行设置，如图 3-48 所示。

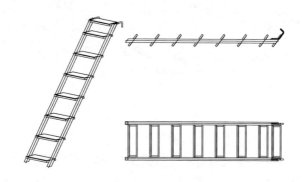

图 3-48　爬梯示意图

成品钢跑梯上端的弯起端均挂接在架体短横筒上，并用十字扣件左右固定，以防止摆动。

11. 预埋

每个吊点对应的安装位置均需设置预埋孔，按吊点设计位置中心线左右 100mm 各埋设一根预埋管。预埋孔设置在楼板下 100mm 处，两根预埋管中心距为 200mm，前后左右保持水平，采用模板双面开孔，以保证预埋准确。其误差要求如图 3-49、图 3-50 所示。

12. 操作室及电缆线

（1）控制室（放置主控箱及小配件）高度设置在架体的第三步架上。控制室搭设面积为 3m² 左右，两侧全封闭，正面除门以外全封闭，背面封闭三分之二，顶部用九夹板（刷油漆）封闭。底部斜撑钢管斜撑到下一步架的大横杆上。

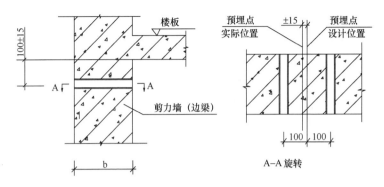

图 3-49 预埋误差示意图

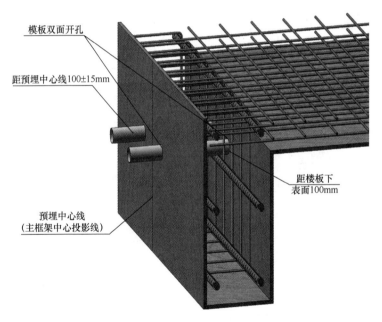

图 3-50 预埋开孔、穿管示意图

（2）分控箱及电缆线从控制室开始沿两边架体铺设至分片处，分控箱及电缆线应铺设在第三步架跳板下面，并用铁丝牢固绑扎在外排大横杆下面，绑扎点间距不能超过 30cm，以免受到冲击造成意外。

（二）装配型附着式升降脚手架的搭设方法

1. 装配型附着式升降脚手架搭设流程图

见图 3-51。

1.搭架前对搭设班组开会进行安全、技术交底

2.搭设安装平台或辅助架，并且拉好安全网

3.地面组装主框架底节及标准节

4.地面组合安装主框架、底部走道板、立杆

5.安装第二步走道板

6.将地面组合的架体吊装到安装平台上并连接好

7.安装第一榀网窗

8.埋第一层预埋管

9.安装第三步走道板、校主框架

10.安装第二榀网窗

11.安装底部离墙悬挑杆及铆花纹钢板

12.铺电缆线

13.搭设操作室

14.安装第二节标准节及立杆

15.安装第四步走道板

16.安装第三榀网窗

17.埋第二层预埋

18.安装第一层附着支撑

19.安装第五步走道板

20.安装第四榀网窗

21.校第二节标准节

22.安装顶主框架、立杆及第六步走道板

23.安装第五榀网窗

24.埋第三层预埋管

25.安装第二层附着支撑，并受力

26.拆辅助架

27.安装第七步走道板

28.安装第六榀网窗

29.安装第八步走道板及立杆

30.安装第七榀网窗

31.安装顶立杆及大横杆

32.安装第八榀网窗

33.埋第四层预埋

34.安装第三层附着支撑

35.底部离墙封闭

图 3-51　脚手架安装工艺流程图

2. 搭设前进行安全技术交底

同（一）中 1。

3. 搭设辅助架

同（一）中 2。

4. 组装架体

（1）以地面为组装平台，将支撑框架或跳板、立杆、主框架等配件组装成塔式起重机能够起吊的最小单元，然后将组装好的单元块通过塔式起重机吊装到辅助平台上，校好离墙距离，采用螺栓将单元块连成整体。

（2）直接以辅助架为安装平台，先安装支撑框架或跳板，再安装主框架导轨、立杆等配件，如图 3-52 所示。

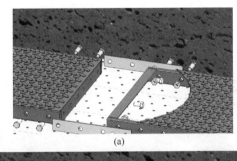

(a)

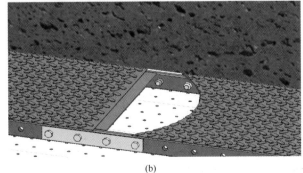

(b)

图 3-52　跳板连接示意图（一）

（a）跳板连接示意图 1；（b）跳板连接示意图 2

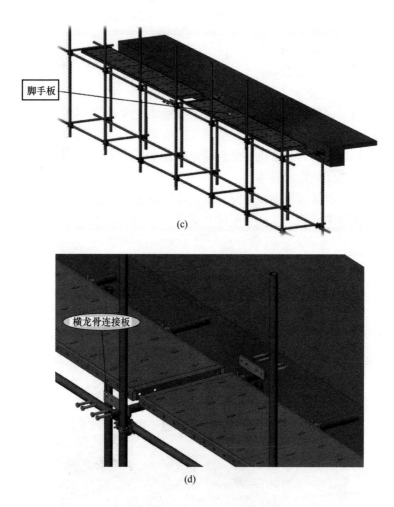

脚手板

横龙骨连接板

(c)

(d)

图 3-52 跳板连接示意图（二）

（c）跳板连接示意图 3；（d）跳板连接示意图 4

　　严格按照图纸在对应位置安装主框架导轨和立杆，用螺栓与脚手板侧管紧固，并用斜拉杆辅助固定立杆与导轨，如图 3-53所示。

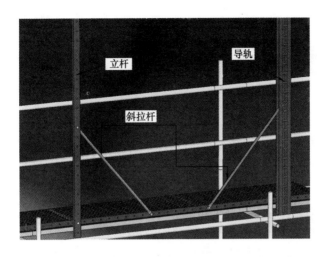

图 3-53　立杆与跳板、导轨与跳板及斜拉杆安装示意图

若需设置走道板平层，则须在底层脚手板向上 1.3m 高的内、外立柱位置安装辅助方管（具体高度可按工人搭建舒适度而定），并在方管上放置木条或脚手板作为临时增高工作平台，第二层脚手板需要按照图纸要求的高度搭设，并用螺栓与立杆、导轨连接，用连接件将相邻的脚手板固定好。斜撑焊件在第二、四层脚手板上安装。刚性支撑在导轨和辅助立杆处安装，其他立杆间不安装，每层安装一道。安装二层脚手板完毕后，可以拆除辅助工作平台，如图 3-54 所示。

立杆和导轨接长：立杆接长需要使用立杆接头，先将一段插入立杆顶部，并用 M16 螺栓固定，露出的部分可接入上部立杆，并用螺栓固定，如图 3-55 所示。

导轨接长需要使用专用连接槽钢，先用螺栓连接导轨的上端部和底部的连接板，并紧固，再在导轨背后用连接槽钢螺栓固定。如果导轨接长位置正好在脚手板位置，则需要使用导轨连接板进行连接，从而避开槽钢和脚手板之间的干涉，如图 3-56、图 3-57所示。

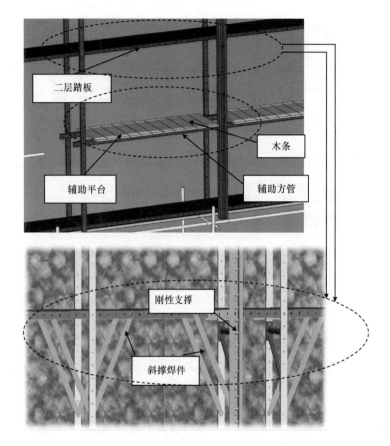

图 3-54　人工辅助平台及加强斜撑示意图

5. 防护网或网窗安装

（1）网窗安装在对应的外侧立杆上，用螺栓固定，底层防护网需要在防护网底部和顶部安装固定器，防护网与防护网横向之间用螺栓连接侧梁。第二层防护网安装：第二层防护网安放在第一层防护网上，并用螺栓连接固定横管，再在防护网的顶部使用固定器安装在对应的立杆上，后续以米字形循环往上安装，如图 3-58～图 3-60 所示。

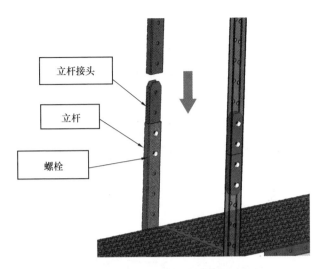

图 3-55　立杆连接示意图

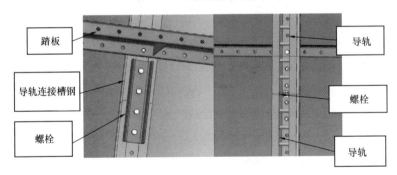

图 3-56　导轨接长示意图

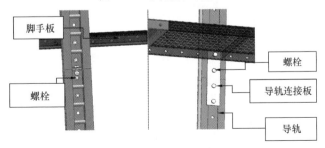

图 3-57　导轨连接示意图

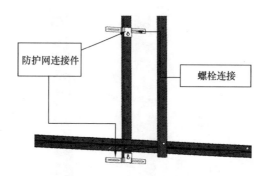

图 3-58　连接件与立杆连接示意图

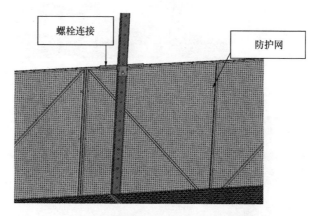

图 3-59　防护网与连接件安装示意图

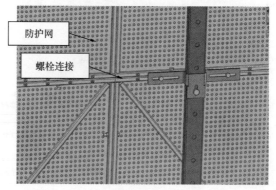

图 3-60　防护网安装示意图

转角处应设置防护网阳角连接板，连接板使用连接销筒垫厚，使连接板与外立面在同一个平面上，然后与防护网连接，如图 3-61 所示。

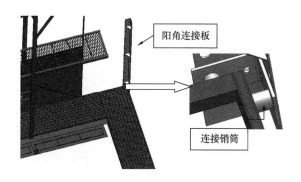

图 3-61　转角防护网安装示意图

（2）钢网窗安装在对应的横杆上

钢网窗由角钢骨架及钢网片组成，按照需要在车间加工，现场通过特制连接件安装在脚手架外立面。

其余安装要求同（一）中 6 要求。

6. 安装附着支撑

同（一）中 8 要求。

7. 安装吊装系统（上下挂座、环链电动葫芦）

（1）第一层脚手板的每个导轨相距 600mm 的一侧均有一根立管，该立管作为内立杆，也可作为下挂座安装支撑管，使用螺栓将下挂座固定在导轨与立管之间。导轨和立管带有孔距为 100mm 的通孔，下挂座根据平面布置图安装，如图 3-62 所示。

（2）上挂座安装在下挂座垂直方向的上方，与下挂座距离 8000mm，如图 3-63 所示。

若采用正挂电动环链葫芦则无需用上挂座，但提升时电动环链葫芦须向上倒一层。

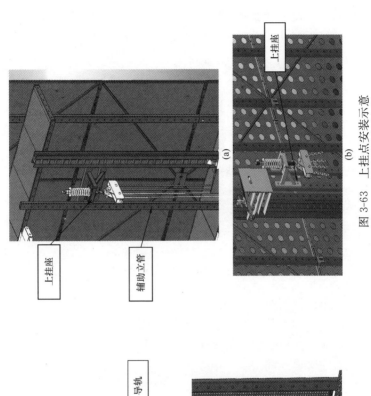

图 3-63 上挂点安装示意

(a) 上挂座安装示意图；(b) 葫芦链条张挂装置

上挂座

辅助立管

上挂座

导轨

600

辅助立管

下挂座

图 3-62 下挂座安装示意

(a) 下挂座安装示意图；(b) 葫芦及传感器安装示意图

（3）附墙吊挂座与中部的附墙支座在同一高度安装，墙体必须在对应位置留预埋点或者预埋孔，墙体必须达到一定的结构强度（15MPa以上），对应上下吊点同一垂直线位置安装，并使用M33螺栓固定在墙体预埋位置，如图3-64所示。

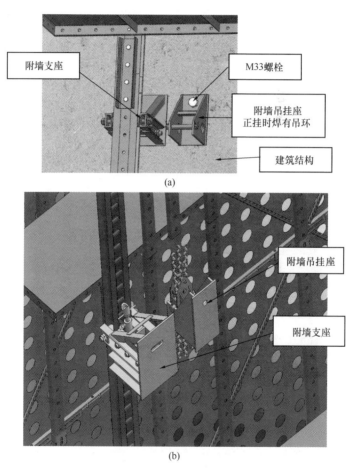

(a)

(b)

图3-64 附墙支座、附墙吊挂座安装示意
（a）附墙支座及附墙吊挂座安装正视图；（b）附墙支座、
附墙吊挂座安装后视图

（4）吊装系统提升设备一般为倒装电动环链葫芦，电动环链葫芦由环链、吊钩、挂座固定器、上挂钩总成组成，挂座固定器是链条的起、止点。链条向下经过电动环链葫芦正反转工作箱后向上穿入上挂钩总成，上链条板件有两个滑动轴位，与挂座固定器的轴位之间形成一条回路，最后链条在挂座固定器上端收止。电动环链葫芦安装时需要检查链条是否翻转、扭曲，接通电源后必须保持正反转一致，如图 3-65 所示。

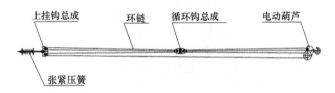

图 3-65　倒装环链组成图

正挂时电动环链葫芦上吊钩挂在吊挂座上，下吊钩挂在下挂座上。

8. 安装挑板、翻板

架体底层脚手板必须满铺花纹钢板，挑板和翻板必须严格按照图纸要求安装，立杆、导轨处应安装相应规格的 700 翻板、700 立杆挑板，其余用非标件按图组装，如图 3-66 所示。

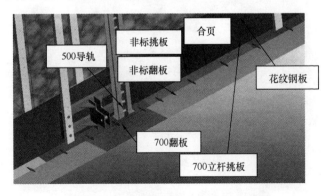

图 3-66　花纹钢板满铺水平防护示意图

9. 同步控制系统的安装

（1）重量同步控制装置是实时监测并显示各机位受力状态的多微处理器化的自动检测控制系统，对附着式升降脚手架在各工作境况中各机位所受载荷能进行自动监视，当载荷异常时能报警断电，确保附着式升降脚手架使用安全。其必须按使用说明书的要求安装，并在第一次提升前进行详细的调试、检测，安装完毕后应采取相应的防潮措施，如图3-67、图3-68所示。

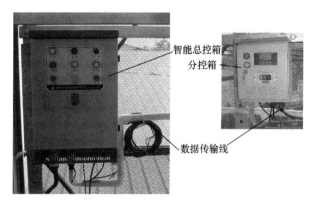

图 3-67 实例安装图

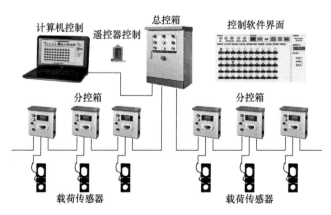

图 3-68 接线原理示意图

（2）水平高差同步系统：安装时应将总控箱尽量设置在每片外架的中间位置，电缆线从总控箱开始沿两边架体铺设至分片处，电缆线应铺设在第三步架跳板下，并用铁丝牢固绑扎在外排大横杆下，绑扎点间距不能超过30cm，以免受到冲击造成意外。

（三）附着式升降脚手架上运行施工方法

1. 附着式升降脚手架上运行施工流程图

见图 3-69。

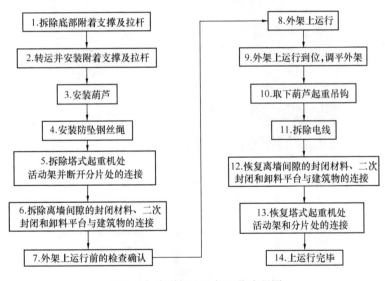

图 3-69　脚手架上运行工艺流程图

2. 脚手架上运行前的要求

（1）确认上升时支撑电动环链葫芦的附着支撑主受力拉杆受力点建筑结构强度达到 C20、脚手架上堆放的建筑材料全部移开、脚手架上建筑垃圾已清理干净、与脚手架上运行发生干涉的支撑模板钢管已经拆除、总包方已出具脚手架上运行通知书后，方可进行后续操作。

（2）对班组成员做安全技术交底，交代清楚难点、重点以及危险部位等注意事项。

3. 脚手架上运行前的准备工作

（1）拆除底部附着支撑及拉杆，并转运到顶层安装，如图 3-70、图 3-71 所示。

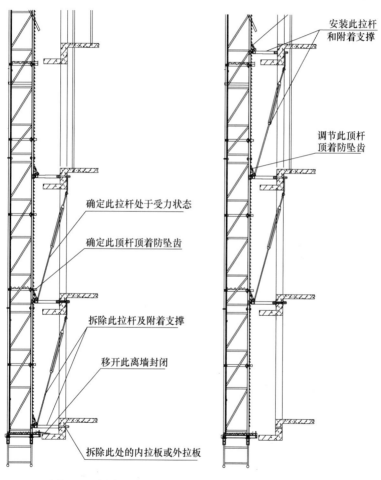

图 3-70　拆除前状态　　　　图 3-71　安装附着支撑状态

（2）将电动环链葫芦、提升横梁、提升吊环搬运到安装位置并安装好，由专业电工按编号接好并检查各输出电缆线、信号线。

（3）将小钢丝绳与最上面的附着支撑下耳环连接，下面与M16花篮螺栓连接，花篮螺栓与提升吊环的下环连接或与中间附着支撑连接均可，调节花篮螺栓使钢丝绳张紧。此步骤目的是防止运行时最上面的附着支撑受摩擦力影响向上翘动，如图3-72所示。

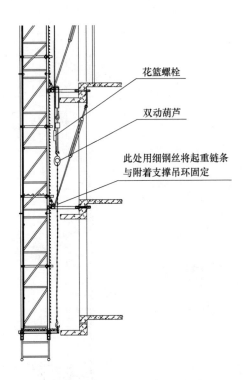

花篮螺栓

双动葫芦

此处用细钢丝将起重链条
与附着支撑吊环固定

图 3-72　电动环链葫芦安装状态

（4）拆除塔式起重机附墙处的活动架体时应先拆掉钢网窗，再拆掉活动架体，并将所拆的材料放置于脚手架上。注意：拆此处架体的工人必须系好安全带。

（5）拆除卸料平台处与建筑的连接、拆除所有的连墙杆、卸开分片处各步架的连接杆及该处的钢网窗连接、翻开所有的离墙封闭板并固定好。

4. 脚手架上运行

（1）脚手架上运行前应再次检查在脚手架上运行路径上，总包方的支模钢管、护栏钢管、电缆线等是否有发生干涉处，如有应及时拆除障碍，由领班带领班组人员检查各个吊点是否异常，确认后方可通知电工启动上运行按钮。

（2）在脚手架提升过程中，工人按分配巡回检查各段脚手架的运行情况，发现障碍物或电动环链葫芦电机超载堵转时，应及时通知领班停止运行，采取措施解决问题后再运行。

5. 脚手架上运行到位

（1）脚手架到位后，调节电动环链葫芦使其各吊点达到所做的记号位置，使脚手架达到初始水平状态。

（2）调节底部附着支撑和中间附着支撑的防坠顶杆，使其顶住主框架上的防坠齿，调节最上端的防倾附着支撑的防坠顶杆，使其不顶住主框架的防坠齿，距离防坠齿约40mm。调节底部附着支撑的拉杆，使其受力，此时可取下主框架上的电动环链葫芦下吊钩。

（3）恢复离墙封闭和架体分片处的封闭，有二次封闭的脚手架，应搭设二次封闭的悬挑杆、小斜杆、悬挑水平杆、二次封闭尼龙网。

（4）每个靠近主框架立杆的主节点（立杆与纵向水平杆的连接点）上应设置连墙杆。用一根长度适当的钢管和直角扣件分别与架体的内外排立杆和建筑物上埋设的钢管或地锚环连接。注意：连墙杆应尽量设置水平。

（5）恢复卸料平台连接、搭设塔式起重机附墙处的活动架，恢复钢网窗封闭、分片处钢管等。

（四）附着式升降脚手架下运行施工方法

1. 附着式升降脚手架下运行施工流程图

见图 3-73。

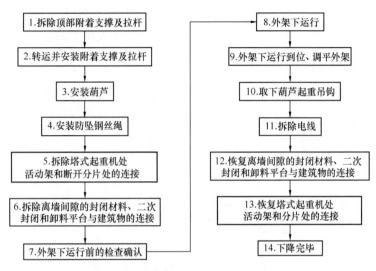

图 3-73　脚手架下运行工艺流程图

2. 脚手架下运行前的准备工作

（1）拆除顶部附着支撑及拉杆并安装在最底层。

（2）将电动环链葫芦、提升横梁、提升吊环搬运到下一层安装位置并安装好，由专业电工检查并按编号接好各输出电缆线、信号线。

（3）安装防坠钢丝绳。

（4）拆除塔式起重机附着处的活动架体时，应先拆掉钢网窗，再拆掉活动架体，并将所拆的材料放到脚手架上。注意：拆此处架体的工人必须系好安全带。

（5）拆除卸料平台处连接、拆除所有的连墙杆、卸开分片处各步架的连接杆、拆开该处的钢网窗连接、翻开所有的离墙封闭板。

3. 脚手架下运行

（1）下运行前应仔细检查脚手架状况，如电动环链葫芦链条是否情况完好、控制系统是否正常等，必须确保每个附着支撑复位弹簧能够正常复位。

（2）将架体提升 3～4cm，然后调节防坠钢丝绳，使第二层和第三层附着支撑的防坠顶杆拉起（防坠顶杆与主框架平行即可）；用圆丝或小圆钢环将第一层附着支撑的防坠顶杆拉开并与主框架平行，连接到电动环链葫芦的固定链条上。

（3）检查是否有短横筒或竹跳板伸进建筑物内。

（4）在脚手架下降过程中，如发现运行障碍，应及时报告领班或电工采取停止措施。

（5）电动环链葫芦起重链条不能兜住主框架的提升横梁及架体。

（6）必须保持电动环链葫芦同步下降。

（7）脚手架下运行到位后，应按照上运行的相同办法恢复好架体的封闭、连墙杆、活动架等。

（五）附着式升降脚手架拆除施工方法

1. 附着式升降脚手架拆除的前提条件

（1）外脚手架服务到合同约定的位置，工程量结算手续办妥，财务部门已按合同约定收取相应工程款并通知拆架。

（2）施工已完毕，脚手架上的建筑垃圾和建筑材料已完全清理干净，并得到土建方的书面通知。

2. 附着式升降脚手架拆除前的准备工作

（1）由技术部门相关技术员编制拆架方案、安全技术交底等相关技术资料。

（2）拆架安全技术交底：拆架人员进场后，由现场负责人对拆架人员进行拆架安全技术交底，主要交代特殊位置的处理方法及有关拆架的安全注意事项和拆架方法及顺序，并派专人对架体进行减力、连墙加固、底部封闭检查。

（3）设置好安全警戒线、警戒标志，并派专人（至少两名）负责警戒。

（4）分派工作任务，由拆架领班按工人的能力和熟悉情况分派相应工作、布置任务，并要求工人佩戴好安全防护用具，准备好拆架工具，所有手持工具必须用绳子拴好并固定。

3. 按照先装后拆、后装先拆的原则进行拆除

整个拆架施工过程中必须贯彻"先检查、再加固、再检查、后拆除"的思想，所以在每次需要上架操作前均需对外架进行检查，检查架体上的跳板、扣件（螺栓）、钢管（立杆）是否能正常受力、钢结构件受力体系是否完整、受力是否良好、底部封闭是否严密、架体上的材料及建筑垃圾是否清理干净等，若发现安全隐患，必须先解除隐患，并重新恢复架体结构后才能进行拆除。注意：由于拆除外架属于高空作业，外立面封闭材料（钢网窗）可分段整体吊装拆除。

（1）拆除电动环链葫芦、电缆、提升横梁、提升吊环等在脚手架上的活动材料。

（2）拆顶部单排架：按顺序依次拆除钢网窗→单排架的水平杆→扶手栏杆。拆除钢网窗时，必须二人配合拆除，须拿稳并尽量保证其完整性，拆下的钢网窗严禁乱丢乱甩。

（3）依次拆除跳板→横向水平杆→纵向水平杆→立杆等。短横筒和扣件以及小型钢结构件等，则先传到建筑物内，再通过塔式起重机或施工电梯转运，严禁抛丢脚手架材料。拆立杆时，如果立杆桩高度超过 1m、所拆立杆为 6m 的，必须在上面一步架上拆除此立杆（图 3-74）。在拆除短横筒时，为避免横筒中插有短钢筋、木条等建筑垃圾，需用手捂住短横筒口并放低捂口拆除。

附着支撑拆除方法：先用麻绳将第三层附着支撑系在标节腹杆上，再拆下附着支撑一边导向爪，再用呆扳手拧松穿墙螺杆上

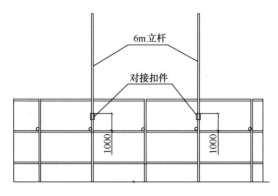

图 3-74　拆除 6m 立杆操作示意图

的螺母，取下螺母，拆下此穿墙螺杆上的外拉板、垫块，拆下第二层拉杆，取出穿墙螺杆，此时可取下附着支撑（如遇附着支撑太紧，可拆掉另一边的导向爪）放在室内。

（4）脚手架第三层附着支撑拆除后，按前述 3 的要求和顺序依次拆除其余步架体的钢网窗、跳板、短横筒、大横杆、立杆及第二节标节等。

（5）脚手架第 4 步、5 步架体拆除后，拆除 1、2、3 步架体及第一层、第二层附着支撑和一层拉杆。

对于第 1、2 步架架体的拆除方法：单吊点单元应先拆除钢网窗、跳板、短横筒、大横杆、立杆等。双吊点单元则应拆除钢网窗、跳板、立杆，保留主框架之间第 1、2 步架大横杆，短横筒不予拆除。同时拆除架体底部封闭材料，剩余主框架底节、一节标节、两层附着支撑装置及一层拉杆。

（6）对剩余一节底节、一节标节、一层拉杆及两层附着支撑的拆除方法：

1）用 2 根钢丝绳和卸扣固定在该吊点第一节标节第二根腹杆处，并用麻绳在主框架对应防坠齿处绑扎固定附着支撑→用塔吊使该点受力→拆除附着支撑（具体方法如下）→主框架脱离建筑结构并吊到地面（先吊拆所有单吊点后再吊双吊点）。

拆除附着支撑方法：拆下第二层附着支撑一边导向爪，再用呆扳手拧松穿墙螺杆上的螺母，取下螺母，拆下此穿墙螺杆上的外拉板、垫块，拆下第一层拉杆，取出穿墙螺杆。按此顺序拆除第一层附着支撑，将拆下的导向爪、螺杆、垫块、拉板及拉杆等部件小心放在室内。

2）单吊点吊拆完后再用同样的方法将双吊点吊拆到地面（如图 3-75、图 3-76 所示）。

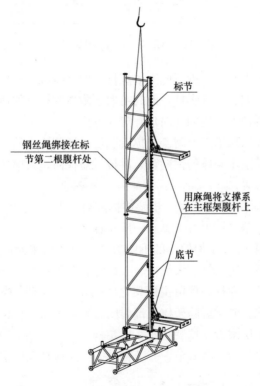

标节

钢丝绳绑接在标节第二根腹杆处

用麻绳将支撑系在主框架腹杆上

底节

图 3-75　单点吊拆示意图

注意：搭拆外架时塔式起重机必须采用双指挥，吊运较长物体时必须有牵引措施。

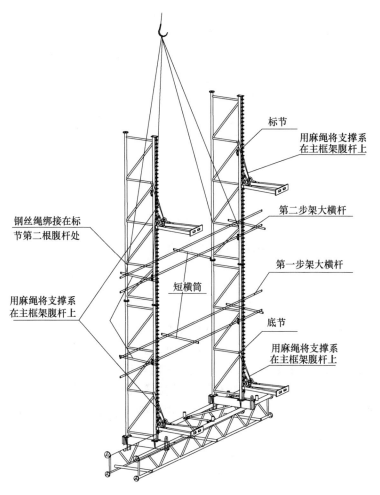

标节

用麻绳将支撑系
在主框架腹杆上

第二步架大横杆

钢丝绳绑接在标
节第二根腹杆处

第一步架大横杆

短横筒

用麻绳将支撑系
在主框架腹杆上

底节

用麻绳将支撑系
在主框架腹杆上

图 3-76 双点吊拆示意图

（六）附着式升降脚手架在升降过程中的监控方法

（1）检查建筑外立面附件及支模体系与外架是否有干涉。

（2）外架运行前地面应设置警戒线。

（3）外架运行时钢筋班组、木工班组、混凝土班组、抹灰班组及其他相关班组严禁在外架上及建筑临边作业。

（4）实时监控电动环链葫芦的运行情况，监控每个机位的重量变化情况，若发现电动环链葫芦停机或超重等情况，应立即停止运行，待故障排除后方可继续运行。

（5）实时监控附着支撑与建筑物的连接及受力状况，若发现局部机位因预埋位置偏下、梁配筋偏小，且电动环链葫芦超重而引起混凝土梁开裂等情况，应立即停机，待问题解决后方可继续运行。

（七）附着式升降脚手架提升机构及控制系统故障判断和处置方法

（1）若发现控制柜面板上某个信号指示灯不闪烁，可能是该回路信号传输故障或电动环链葫芦里的微动开关故障。

解决办法：检查该回路或换掉微动开关即可。

（2）若由于手拉链条被卡住而使电机堵转，则应停止运行并检查手拉链条和链轮，直到恢复正常时再运行。

（3）若发现电动环链葫芦的手拉链条和起重链条均静止不动，而电机又在正常运转，可能是电机减速器发生故障。具体情况如下：

1）可能是电机输出轴断开。

2）可能是从动齿轮两端的轴承损坏。

3）可能是减速器输出轴上的键磨损。

4）可能是减速器内齿轮损坏。

解决办法：针对各种情况换掉相应损坏零件即可。

（4）若发现保护开关跳闸，可能是：

1）电缆用航空插头进水。

2）电机接线处被水淋湿而短路。

3）电机定子线圈短路（分段找出具体吊位）。

解决办法：如航空插头进水，则应用热风将其烘干或换掉航空插头；如接线处被淋湿则应重新接线；如电机定子线圈短路，则应更换电机。

（5）若是电源的漏电保护开关跳闸，可能是：

1）电机接线处被淋湿而产生漏电。

2）电机定子线圈与外壳漏电。

3）电缆线漏电（分段找出具体吊位）。

（6）若发现某个吊位电动环链葫芦受力就反转，则是缺相现象，应分段检查。

1）将该吊位所对应的控制柜上的航空插头更换到另一个机位（不缺相），若仍反转，则应检查输出线路和电机。

2）将该吊位所对应的控制柜上的航空插头更换到另一个机位（不缺相），若正常运转，则应检查控制柜该吊点的线路（接触器、航空插头等）。

（7）若发现有6个相邻吊位电动环链葫芦受力均反转，则是缺相现象，应检查该吊位所对应的分段保护开关。

（8）若发现全部吊位电动环链葫芦受力均反转，则是缺相现象，应检查：

1）控制柜内主接触器（控制正反转）是否缺相或某路触点被烧坏。

2）总开关是否缺相或某路不通。

3）进线电源线缺相、前端空气开关某路触点被烧坏或触点接触不好。

（9）若现场是三极漏电开关（零线单独接在配电箱内部），而控制柜又需要220V的电源，则在搭接主电源时，不能接在三极漏电开关的输出端，否则，合上控制柜上220V电源的漏电开关时，三极漏电开关就会跳闸。应在现场设置四极漏电开关，或用空气开关将电源引入到外架操作室（注意：接线时应搭在三极漏电开关的前端）。

（10）若发现电动环链葫芦停止，可能是由以下原因引起：

1）若断开某个吊点，电动环链葫芦未停止，则可能是该吊点接触器未断开。

2）若断开某个吊点，电动环链葫芦停止，但某一相或二相有电，则可能是该吊点接触器某一相或二相未断开。

3）若按停止键，所有电动环链葫芦未停止，则可能是主接触器未断开。

4）若按停止键，所有电动环链葫芦停止，但所有电动环链葫芦某一相或二相有电，则可能是主接触器某一相或二相未断开。

（11）若某个键按下后，接触器未吸合，则可能是：

1）该键损坏。

2）该吊点固态继电器损坏。

3）线路不通。

4）接触器线圈断路、烧毁。

（12）接通电源键盘显示正常，但一操作键盘就自检，可能是电源缺相或相关电源接触不良。

（13）接通电源键盘无显示，则可能是：

1）电源缺相。

2）零线断路。

3）变压器短路、断路。

4）电路板上+5V无输出。

5）电路板上主芯片损坏。

（14）通电后仪表无显示，可能是仪表电源未接上或机位表故障，应检查电源线是否连接或更换机位表。

（15）已连机位表机位号闪烁，通信灯不亮，可能是信号处理器未接电源或所连通信线未接或接反，应查看信号处理器电源指示灯，检查通信连线是否正确。

（16）已连机位表机位号闪烁且只有通信灯亮，可能是信号处理器通信线接反，应调换连线。

（17）显示6T以上并且超载控制指示灯亮，可能是传感器线未连接或传感器损坏，应检查传感器连线是否损伤或更换传感器。

（18）PC界面点击升、降钮，电动环链葫芦不工作，可能是仪表失载、超载控制或控制回路保护，应清除架体障碍，单击"预提"或"卸荷"键。

（19）PC机按升、降钮，电动环链葫芦不工作，则可能是仪表失载控制或控制回路保护，应清除架体障碍，请将信号处理器手-自控选择钮置于手控。

（八）附着式升降脚手架在运行过程中常见故障原因和处置方法

（1）预埋不正或附着支撑位置安装不正导致主框架弯曲超过5cm或顶杆歪斜受力不规范。

预防：

1）预埋应标准：先根据搭架时确定好的吊点的位置，测量各个吊点位置的原始尺寸（一般以建筑物轴线或无变化的结构边沿为基准，若结构有变化的，应根据变化的尺寸对原始尺寸进行增减，防止出错），然后按照此原始尺寸埋设预埋。模板采用双面开孔，以保证预埋的准确性。

2）检查应仔细：预埋完后逐一检查，不合上述规定的立即纠正。负责预埋的人员在关好模板后、浇灌混凝土之前必须逐一进行检查，有错必纠。另外，领班要和现场人员（特别是混凝土工、模工、钢筋工）协调好，并告知其预埋的重要性，不得破坏。

3）修正应及时：混凝土浇筑后模板脱离完，领班应立即根据原始尺寸对各预埋进行检查，偏移歪斜程度过大的，应立即重新打孔（用水钻）。

4）安装应合理：安装附着支撑时，应保证附着支撑与主框架垂直，左右导向爪卡入导向槽的位置应等距，附着支撑应左右水平，两根顶杆旋出小于 4cm 的螺纹，顶端水平且均在防坠齿覆盖范围内，才能旋紧螺旋扣受力。

处理：

若主框架弯曲超过 5cm，必须整改后才能运作。整改步骤：

1）设置斜撑受力体系减力，在主框架顶部先加两道连墙杆，然后在下面两层，主框架的两边靠节点处内外大横杆上用斜撑减力到结构物上。内外斜撑（共四处）下部用旋转卡连成一体，上部设置连墙杆，连墙杆里端夹梁或抱柱，外端与斜撑着力处的内外大横杆连接；也可设置下拉杆减力。

2）拆除导致主框架弯曲的附着支撑。

3）校正主框架至原位。

4）依照原始位置尺寸重新打孔。

5）重新安装附着支撑，受力。

6）拆除斜撑受力体系。

（2）顶杆旋出丝牙超过 4cm，单顶杆受力导致顶杆弯曲。

预防：

1）保证预埋孔位置准确、水平、安装正确的附着支撑、顶杆顶端平齐可避免单顶杆受力或受力不规范导致的顶杆弯曲变形。

2）有拉杆的附着支撑在做好准备受力时，旋出丝牙不超过 4cm 就能顶住防滑齿的，可立即受力；若超过 4cm 才能顶住防坠齿的，可将丝牙缩至 4cm 之内，顶端保持水平，然后旋紧拉杆受力。到位受力时，旋出丝牙保证在 4cm 之内，松动电动环链葫芦即可受力。

3）没有拉杆的标准附着支撑做好后将顶层顶杆旋出保证在 4cm 之内即可。运行到位后先同时调整第一、二层的附着支撑顶杆，在保证两层附着支撑顶杆丝牙旋出不超过 4cm 的前提下，再松动电动环链葫芦保证同时受力。

处理：

电动环链葫芦受力后换掉弯曲变形的顶杆即可。

（3）导向爪过主框架标节接头时被剐坏。

预防：

1）将主框架接头处打磨平滑。

2）加强运行时对接头处的监视。

3）三层附着支撑确保运行时，底部的附着支撑穿墙螺杆可以拧松一点，让附着支撑可以左右活动。

处理：

在损坏的导向爪吊点顶部主框架左右两边打上两道连墙杆，不受力的附着支撑可以直接换掉，受力的在做好准备电动环链葫芦受力后调换（换好一个再换下一个）。

（4）固定导向爪底板的螺母脱落或位置不正。

处理：

领班应留一些 M16 的导向爪螺栓和螺母做备用，以备不时之需。若固定螺母没有或位置不正，可将该螺母剐脱后用活动螺母代替，严禁用扣件螺栓代替。

（5）复位弹簧失效。

预防：

1）附着支撑运到现场后应立即检查，钩挂螺栓长的应锯掉、螺母未拧满丝牙的应拧满、点焊不牢的应补焊。

2）检查导向爪的尺寸规格是否合适（主框架防坠齿是否离钩挂螺栓太近）。

处理：

1）对挂钩螺栓损坏的应补上，并挂上复位弹簧，使其有效。

2）若损坏量少（3个以内），可用铁丝将复位弹簧固定在顶杆上或前端的钢梁上以达到能够及时复位的效果。

（6）穿墙螺杆和螺旋扣丝牙未旋出 3 牙以上。

预防：

1）了解现场边梁、墙、柱的厚度，配置合适长度的穿墙螺杆，算准拉杆的长度，保持合适的调节位置。

2）避免一头旋出过长，另一头不够的情况，保持黄油润滑维护，随时可调丝杆。

3）如梁、柱、墙爆模，则应修打掉多余的混凝土。必要时应剔打掉沙灰来保证此要求。

处理：对于螺杆和拉杆过短的，应及时上报调换，不得留隐患。

（7）运行外架的水平度保证。

预防：

1）电工应保证同步升降控制装置的正常使用。

2）运行时工人应不间断巡视。

3）搭设架子时应保证水平度。

4）架子到位后领班或管理人员应对架子的整体水平进行调整。

处理：

外架上下运行到位后，不可立即受力，应在整个脚手架调整水平后，才能受力。下运行调整水平的一个重要特征是，每个吊点的离墙距离（附着支撑长度）应出入不大，主框架偏移不大。所以工人在外架运行到位的过程中，应将各自负责的点的主框架离墙尺寸量好（保证正确的附着支撑安装尺寸，误差不应过大），观察主框架相对于两预埋孔中心线有无偏移。如果到位受力后发现偏移过大或离墙距离过小，应将电动环链葫芦重新挂上，受力后调整水平才能安装附着支撑。

（8）三层附着支撑上运行外架，因预埋不准确导致底部附着导向爪和导向槽摩擦阻力过大，而使主框架弯曲或导向爪变形。

预防及处理：

1）保证底部附着支撑防跳动装置牢靠，规范使用绳卡加电动环链葫芦链条环防止底部附着支撑跳动。

2）将防跳装置绳卡一端扣在底层附着支撑所对应的电动环链葫芦死链条上，电动环链葫芦链条环一端挂在附着支撑的专用勾挂螺栓上，绳卡一端应比另一端高 80mm 左右。受力时应保证死链条不在附着支撑的勾挂螺栓上受力。

3) 可将固定附着支撑底板的穿墙螺杆的螺母拧松，使其可以左右活动，以减小摩擦阻力。

4) 根本办法是保证预埋位置准确，附着支撑安装正确。

（9）开口销经常掉。

处理：

用 18 号或 16 号圆铁丝将开口销拴牢在拉杆或螺旋扣上。操作人员上好拉杆后可将开口销由上向下穿在销子上。

（九）附着式升降脚手架的维护方法

（1）底部封闭必须封闭严密，特别是翻板，每次运行后必须恢复到位。

（2）外立面封闭必须封闭严密，损坏后应及时恢复。分片处运行到位后必须封闭到位。

（3）复位弹簧、顶杆、导向爪应定期检查，对损坏及变形的应及时更换。

（4）导轨槽及螺杆位置应定期涂抹黄油。

（5）操作层离墙封闭尼龙网应及时维护。

（6）对悬臂超高部位应及时安装连墙杆。

（7）对水平悬挑大于 2m 或 1/2 跨度的位置应设置小斜杆。

（十）附着式升降脚手架的安装、运行、拆除等注意事项

（1）脚手架上严禁模板支撑附着，模板支撑必须严格控制在建筑结构边 20cm 以内并在边梁（或剪力墙）混凝土强度达到 C10（初凝）时拆除脚手架吊点附墙处的边梁（或剪力墙）内外侧的模板，以满足脚手架固定需要。

（2）严禁任何人员向脚手架抛丢工用具或集中堆码钢筋、混凝土、钢管、模板及建筑垃圾。

（3）严禁野蛮施工，严禁抛丢建筑材料，严禁揭开底部封闭及立面封闭。

（4）严禁在脚手架上私自架设动力、照明电源线。

（5）严禁任何人拆动脚手架连墙杆、导向轨、预埋铁件及其他杆件。

（6）塔式起重机作业时不得撞击、牵挂脚手架，以免发生意外事故。

（7）脚手架上的建筑垃圾应由土建施工方派专人经常清扫，以减少脚手架施工荷载。

（8）脚手架提升前，应由土建施工方负责做好脚手架清洁后，向脚手架施工方发送书面运行通知书，通知脚手架运行。

（9）脚手架升降到位后，必须经脚手架现场管理人员或领班检查无误，并与施工方办理交接手续后，施工方操作人员方可上脚手架作业。

（10）脚手架安装、第一次运行、拆除前，公司安全部门、工程部门应召开安全交底会议，对项目主管、现场领班、搭架领班、拆架领班及所有操作工人进行安全教育。

（11）架子工的工作多是高空作业，必须在身体健康、精神状态良好的情况下才能上架操作。

（12）架子工上架操作前，必须按规定着装，如戴安全帽、穿防滑鞋、系安全带、用细麻绳将扳手等工具系在腰带上防止失手坠落等。

（13）不允许立体交叉作业，以免发生物体坠落打击等安全事故。

（14）严禁酒后上架操作。

（15）附着式升降脚手架工人必须持证上岗。

四、习 题

（一）判断题

1. ［简单］建筑结构按主要承重结构材料分为框架结构、剪力墙结构、框架－剪力墙结构、筒体结构。

2. ［简单］建筑物墙体按施工方式可分为现浇墙和填充墙。

3. ［简单］穿心式液压千斤顶的穿心杆应采用外径 40mm 的圆钢制作，并加工成竹节形。

4. ［简单］定位轴线的编号横向应用大写英文字母，从左至右按顺序编写；竖向编号应用阿拉伯数字，从下至上按顺序编写。

5. ［简单］尺寸标注由尺寸线、尺寸界线、尺寸起止符号和尺寸数字四部分组成。

6. ［简单］钢结构梁一般有型钢梁和钢板组合梁两种。

7. ［简单］按截面构造形式，受压构件可分为实腹式和格构式两种。

8. ［简单］当附着式升降脚手架架体遇到塔机、施工升降机、卸料平台需断开或开洞时，断开处应加设栏杆和封闭，开口处应有可靠的防止人员及物料坠落的措施。

9. ［简单］主体结构施工时可将模板支架临时支撑在附着式升降脚手架上。

10. ［简单］对直接承受动力荷载的普通螺栓受拉连接应采用双螺帽或其他防止螺帽松动的有效措施；抗剪连接时应采用摩擦型高强度螺栓。

11. ［中等］当塔式起重机的附着装置伸入普通附着式升降脚手架架体内时，塔式起重机的附着点部位可设置竖向主框架。

12. ［中等］附着式升降脚手架施工设计时，架体分片处应避开塔式起重机附着处、施工电梯位置，卸料平台不应设置在架体分片处、转角处及拆线部位。

13. ［中等］受弯杆件常见于桁架结构中。

14. ［中等］悬挑板只有一边支承，其主要受力钢筋布置在板的下方，分布钢筋布置在主要受力筋的上方。

15. ［中等］钢结构构件杆件焊接接长时，单根杆件可允许有两个焊接接缝。

16. ［难］附着式升降脚手架的附着支座可固定于构造柱上。

17. ［难］卸料平台斜拉钢丝绳可固定在附着式升降脚手架架体上。

18. ［简单］附着式升降脚手架的附墙支座上同时具有防倾装置和防坠落装置。

19. ［难］附着式升降脚手架的防坠落装置只是使用工况时的制动装置。

20. ［简单］竖向主框架设置有升降导轨。

21. ［中等］架体的水平方向悬挑长度是指水平支撑桁架的长度。

22. ［中等］架体连接主要有两种方式，一种是钢管扣件连接方式，另一种是矩管螺栓连接方式。

23. ［简单］钢管扣件连接的方式有直角扣件、旋转扣件、对接扣件三种。

24. ［简单］附墙支座同墙体的连接用两个穿墙丝杆。

25. ［中等］升降装置由环链电动葫芦、上挂点和下挂点组成。

26. ［难］架体升降时，倒挂电动葫芦相对于附墙支座不动。

27. ［中等］顶杆防坠装置起作用时与架体的坠落速度无关。

28. ［中等］爬架在使用工况时，附墙支座个数不小于3。

29. ［难］速度激发防坠是利用惯性运动原理。

30. ［中等］爬架可以两层两层地升降。

31. 〔中等〕限制荷载自控系统具有超载时声光报警和显示报警机位功能。

32. 〔简单〕转角处，相邻两个竖直主框架支撑点处的架体外侧距离不得大于5.4m。

33. 〔难〕扣件的拧紧力矩以手感觉拧不动为准。

34. 〔简单〕操作层走道板应铺满、铺牢，孔洞直径应小于25mm。

35. 〔简单〕严禁任何人拆除附着式升降脚手架临时附墙杆、拉杆、导向爪、预埋件、穿墙螺杆及其他外架部件。

36. 〔简单〕严禁任何人向外架抛丢工用具或集中堆码钢筋、混凝土、钢管、模板等材料。

37. 〔中等〕附着式升降脚手架运行前后（在底部翻板翻开后），允许操作人员在外架临边作业。

38. 〔难〕在附着式升降脚手架搭设阶段，若未及时安装附着支撑，则不允许再搭设外架。

39. 〔简单〕附着式升降脚手架搭设、拆除、运行等操作人员无需持证上岗。

40. 〔简单〕附着式升降脚手架搭设、拆除、运行等操作人员上岗前必须进行安全教育。

41. 〔简单〕对附着式升降脚手架升降到位后的使用人员，上岗前必须进行安全教育。

42. 〔简单〕附着式升降脚手架安装、升降、拆除时不必设置安全警戒区域，仅需拉好警戒线，并派专人警戒。

43. 〔中等〕附着式升降脚手架安全技术交底不需要形成书面材料，并签字。

44. 〔中等〕关于附着式升降脚手架，项目部应主要关心设备安全、服务及时性、美观和性价比。

45. 〔中等〕对附着式升降脚手架悬臂超高部位应设置连墙杆。

46. 〔简单〕附着式升降脚手架底部封闭必须封闭严密，特别是翻板，每次运行后必须恢复到位。

47. ［简单］附着式升降脚手架集中堆码钢筋、混凝土、钢管、模板及建筑垃圾。

48. ［中等］某工人中午吃饭喝了 1 瓶啤酒，休息半个小时后上附着式升降脚手架进行作业。

49. ［中等］混凝土强度达到 C10（初凝）时拆除附着式升降脚手架吊点附墙处边梁（或剪力墙）内外侧的模板，安装附着支撑。

50. ［中等］附着式升降脚手架操作人员没有得到项目部通知，就将附着式升降脚手架提升一层。

51. ［中等］附着式升降脚手架升降到位后，脚手架现场管理人员或领班检查无误，并与施工方办理交接手续后，施工方操作人员方可上脚手架作业。

52. ［中等］附着式升降脚手架在升降时，建筑模板工人正在外立面拆除模板，脚手架管理人员立即停止升降外架，并向项目部报告要求模板工人停止作业。

（二）单选题

1. ［简单］建筑结构分为砖混结构、钢筋混凝土结构、钢结构，是按____方式进行的分类。

   A. 主要承重结构材料   B. 结构形式

   C. 施工方法   D. 其他

2. ［简单］____具有强度较高、耐久性和耐火性较好、整体性好等很多优点，适用于各种结构形式，因而在房屋建筑中得到了广泛应用。

   A. 砖混结构   B. 钢筋混凝土结构

   C. 钢结构   D. 木结构

3. ［简单］民用建筑的主要组成部分，只起围护作用的非承重构件是____。

   A. 墙与柱   B. 楼地面

   C. 楼梯   D. 门窗

4.〔简单〕附墙支座支承在建筑物上连接处混凝土的强度应按设计要求确定，且不得小于____。

A. C10 　　　　　　　　　　B. C15

C. C20 　　　　　　　　　　D. C30

5.〔简单〕附着式升降脚手架的竖向主框架、水平支承桁架各杆件的轴线应相交于节点上，并宜采用节点板构造连接，节点板的厚度不得小于____。

A. 4mm 　　　　　　　　　　B. 5mm

C. 6mm 　　　　　　　　　　D. 8mm

6.〔简单〕以下建筑材料图例表示钢筋混凝土的是____。

A. 　　　　B.

C. 　　　　D.

7.〔简单〕常用钢筋混凝土梁板结构的混凝土强度为____。

A. C20 　　　B. C30 　　　C. C40 　　　D. C50

8.〔简单〕附着式升降脚手架钢管一般采用的外径规格为____。

A. $\phi42$ 　　　B. $\phi48$ 　　　C. $\phi51$ 　　　D. $\phi60$

9.〔简单〕附着式升降脚手架的附着装置、导轨、立杆、水平杆、主框架、水平支承结构、上下吊点、防坠装置等不宜采用强度低于____级的钢材。

A. Q235 　　　B. Q345 　　　C. Q390 　　　D. Q420

10.〔简单〕附墙支座锚固螺栓垫板尺寸不得小于____。

A. 80mm×80mm×8mm

B. 60mm×60mm×10mm

C. 100mm×100mm×10mm

D. 80mm×80mm×10mm

11. ［简单］型钢悬挑脚手架的型钢常采用 16 号工字钢，下面表示工字钢的符号正确的是____。

A. └   B. ⊥   C. ［   D. ○

12. ［简单］梁板结构施工图中代表悬挑梁的是____。

A. KL   B. L   C. XL   D. JZL

13. ［简单］尺寸单位除总平面图和标高以米（m）为单位外，其余均以____为单位。

A. 千米（km）   B. 分米（dm）

C. 厘米（cm）   D. 毫米（mm）

14. ［简单］当受压构件比较高大时，可采用____，增加截面刚度，节省钢材。

A. 型钢式   B. 钢板组合式

C. 实腹式   D. 格构式

15. ［简单］钢结构构件每一杆件在节点上以及拼接头的一端，永久性的螺栓数不宜少于____个。

A. 1   B. 2   C. 3   D. 4

16. ［中等］钢吊杆式防坠落装置，钢吊杆规格应由计算确定，且不应小于____。

A. φ16mm   B. φ20mm

C. φ25mm   D. φ40mm

17. ［中等］附着式升降脚手架主要由钢材制作而成，不能用于承重结构的材料型钢有____。

A. 角钢   B. 槽钢

C. 矩管   D. 薄钢板

18. ［中等］挑阳台属于悬挑构件，按悬挑方式不同有挑梁式和＿＿两种。

A. 现浇式   B. 装配式

C. 梁板式   D. 挑板式

19. ［中等］下面代表光圆钢筋符号的是＿＿＿。

A. Φ10   B. Φ 14   C. Φ 20   D. Φ 25

20. ［中等］缀件面剪力较大或宽度较大的格构式柱，宜采用＿＿＿柱

A. 缀条   B. 缀板

C. 加劲肋   D. 横隔

21. ［中等］钢结构焊接件焊缝外观质量检查不包括的内容是＿＿＿。

A. 裂纹   B. 焊瘤   C. 尺寸偏差   D. 锈蚀

22. ［中等］附着式升降脚手架附着支座固定处的建筑结构情况需要查询＿＿＿。

A. 结构设计说明   B. 结构平面图

C. 梁配筋图   D. 节点大样图

23. ［中等］建筑模板支撑体系与附着式升降脚手架的关系说法不正确的是＿＿＿。

A. 钢木模板体系一般配置三层模板材料周转，材料需用卸料平台转运

B. 不得将模板支架支撑在附着式升降脚手架上

C. 模板支架外边与附着式升降脚手架架体内边的间距不得小于 200mm

D. 铝合金模板及支架材料可堆放在附着式升降脚手架架体上，通过架体提升把模板材料转运到上一楼层使用

24. ［难］结构平面图中需要查询某部分的节点详图，需要用___。

A. 剖切符号 　　　　　　B. 索引符号

C. 引出线 　　　　　　　D. 对称符号

25. ［难］附着支座固定于梁上，当抗剪、抗扭承载力不满足要求，出现边梁拉裂情况时，可在附着支座固定部位采取___措施。

A. 提高混凝土强度 　　　B. 加密设置箍筋

C. 加大纵向钢筋截面 　　D. 增大梁的截面

26. ［中等］架体宽度是(　　)。

A. 架体内、外排立杆轴线之间的距离

B. 支撑桁架的宽度

C. 底部封闭宽度

D. 操作层走道板宽度

27. ［简单］一个机位上至少安装(　　)附墙支座。

A. 1个　　　　B. 2个　　　　C. 3个　　　　D. 4个

28. ［简单］一个机位上至少安装(　　)防坠落装置。

A. 1个　　　　B. 2个　　　　C. 3个　　　　D. 4个

29. ［简单］(　　)脚手架属于附着式升降脚手架。

A. 落地式扣件式钢管脚手架

B. 悬挑式钢管脚手架

C. 楠竹架

D. 依靠自身升降装置随着建筑物不断升高而升高的脚手架

30. ［中等］连墙杆设置在(　　)。

A. 第一和第二附墙支座之间

B. 最上面附墙支座上方

C. 架体最顶部

D. 架体最底部

31.［难］焊接竖向主框架比装配的竖向主框架刚性(   )。

A. 差   B. 同等   C. 好   D. 极差

32.［中等］速度激发防坠的安装位置在(   )。

A. 旁边提升附墙支座上

B. 附墙支座与主框架防坠齿之间

C. 下挂点上

D. 上挂点上

33.［简单］爬架覆盖楼层高度不超过(   )高。

A. 3 倍楼层   B. 4 倍楼层

C. 5 倍楼层   D. 6 倍楼层

34.［中等］正挂葫芦的吊钩位置在(   )。

A. 架体上   B. 附墙支座上

C. 下挂点上   D. 上挂点上

35.［简单］倒挂葫芦的吊钩位置在(   )。

A. 架体上   B. 附墙支座上

C. 下挂点上   D. 上挂点上

36.［难］分控箱可独立控制该机位的(   )。

A. 电机的正反转   B. 群电机的正反转

C. 群电机的同步运动   D. 群电机的报警停机

37.［简单］爬架的升降是(   )楼升降。

A. 半层   B. 一层   C. 一层半   D. 两层

38.［简单］附墙支座锚固处应采用(   )附着锚固螺栓。

A. 两根   B. 一根   C. 三根   D. 四根

39. ［简单］提升附墙支座锚固处应采用（   ）附着锚固螺栓。

A. 一根   B. 两根   C. 三根   D. 四根

40. ［中等］葫芦链条的长度应满足升降高度（   ）的要求。

A. 半层楼   B. 一层楼以上

C. 两层楼   D. 三层楼

41. ［难］倒挂葫芦的链条靠（   ）张紧。

A. 自重   B. 上端弹簧

C. 自身动力   D. 人力

42. ［简单］竖向主框架的垂直偏差不应大于（   ）。

A. 1/1000   B. 3/1000

C. 5/1000   D. 7/1000

43. 相邻提升机位间的高差不得大于（   ）。

A. 50mm   B. 30mm

C. 80mm   D. 60mm

44. ［简单］架体的水平悬挑长度不大于 1/2 水平支承跨度，并不应大于（   ）。

A. 1000mm   B. 2000mm

C. 1500mm   D. 1800mm

45. ［简单］在升降和使用工况下，架体悬臂高度不应大于架体高度的 2/5，并不应大于（   ）。

A. 4m   B. 5m   C. 5.4m   D. 6m

46. ［简单］防坠装置在使用和升降工况下均应设置在竖向主框架部位，并应附着在建筑物上，每一个升降机位不应少于（　　）。

A. 一处　　　　B. 二处　　　　C. 三处　　　　D. 四处

47.［中等］钢管扣件式附着式升降脚手架的架体全高与支承跨度的乘积不应大于（　　）m²。

A. 85　　　　B. 90　　　　C. 100　　　　D. 110

48.［简单］作业层外侧应设置（　　）高的防护栏杆和180mm高的挡脚板。

A. 800mm　　B. 900mm　　C. 1100mm　　D. 1200mm

49.［简单］附墙支座锚固螺栓露出螺母端部的长度不应小于（　　）倍螺距，并不应小于10mm。

A. 1　　　　B. 2　　　　C. 3　　　　D. 3.5

50.［中等］整个架体机位最大升降差不得大于（　　）。

A. 30mm　　B. 60mm　　C. 80mm　　D. 100mm

51.［简单］附着式升降脚手架架体高度不得大于（　　）倍楼层高。

A. 4　　　　B. 3　　　　C. 5　　　　D. 6

52.［简单］附着式升降脚手架架体宽度（架体内外排立杆轴线之间的水平距离）不得大于（　　）m。

A. 1.0　　　B. 1.1　　　C. 1.3　　　D. 1.2

53.［简单］附着式升降脚手架直线布置的机位间距不得大于（　　）m。

A. 7　　　　B. 6　　　　C. 7.5　　　D. 6.5

54.［简单］附着式升降脚手架折线或曲线布置的架体，外侧距离不得大于（　　）m

A. 5.4　　　B. 5　　　　C. 5.8　　　D. 5.2

55. 〔简单〕架体的水平悬挑长度不得大于（　　）m，且不得大于跨度的1/2。

　　A. 1. 5　　　　B. 2　　　　C. 2. 5　　　　D. 3

56. 〔中等〕附着式升降脚手架（　　）必须具有附着式升降脚手架相关资质，且所使用的产品必须经过验收。

　　A. 总包单位　　　　　　　　B. 分包单位

　　C. 监理单位　　　　　　　　D. 甲方单位

57. 〔中等〕附着式升降脚手架（　　）必须编制专项施工方案，且经总包、监理、甲方等单位审核通过。

　　A. 总包单位　　　　　　　　B. 监理单位

　　C. 分包单位　　　　　　　　D. 甲方单位

58. 〔中等〕附着式升降脚手架进场前（　　）应组织相应班组召开交底协调会，包括附着式升降脚手架、塔式起重机、施工电梯、木工、钢筋工、混凝土等班组。

　　A. 监理　　　　　　　　　　B. 甲方

　　C. 分包单位　　　　　　　　D. 总包项目部

59. 〔中等〕在混凝土强度达到（　　）时应及时拆除外架吊点位置固定处的边梁（或剪力墙）内外侧模板，以便于安装附着支撑受力。

　　A.　C15　　　B. C20　　　C. C10　　　D. C25

60. 〔中等〕在大雨、大雪、浓雾和（　　）以上大风等视线不良的情况下禁止对附着式升降脚手架进行升降操作。

　　A. 五级　　　B. 四级　　　C. 六级　　　D. 七级

61. 〔中等〕附着式升降脚手架安装前，项目部（　　）应对安装人员进行安全技术交底。

A. 项目经理　　　　　　　B. 安全负责人

C. 技术负责人　　　　　　D. 安全员

62. ［中等］附着式升降脚手架使用前，项目部(　　)应对上架施工人员进行安全技术交底，避免违章蛮干，确保脚手架安全使用。

A. 项目经理　　　　　　　B. 安全负责人

C. 技术负责人　　　　　　D. 安全员

63. ［中等］附着式升降脚手架安装完毕后，(　　)必须按JGJ 202—2010规定组织三方验收。

A. 分包单位　　　　　　　B. 总包单位

C. 甲方　　　　　　　　　D. 监理单位

64. ［中等］对于提升高度超过(　　)m的附着式升降脚手架应进行专家论证，通过后方可使用。

A. 140　　　　B. 150　　　　C. 160　　　　D. 200

65. ［难］附着式升降脚手架立杆上的对接扣件应交错布置：两根相邻立杆的接头不应设置在同步内，同步内隔一根立杆的两个相隔接头在高度方向错开的距离不宜小于(　　)mm；各接头中心至主节点（大横杆与立杆相交的点）的距离不宜大于600mm。

A. 400　　　　B. 500　　　　C. 600　　　　D. 700

66. ［难］附着式升降脚手架纵向水平杆可以采用对接扣件连接，并交错布置；两根相邻纵向水平杆的接头不宜设置在同步或同跨内；不同步或不同跨的两个相邻接头在水平方向错开的距离不应小于500mm；各接头中心至最近主接点的距离不宜大于(　　)mm。

A. 400   B. 500   C. 600   D. 700

67. ［难］附着式升降脚手架架体扣件螺栓拧紧力矩不应小于（   ）N·m，并不大于（   ）N·m。

A. 30 60   B. 40 50   C. 45 55   D. 40 65

68. ［简单］附着式升降脚手架架体全高与支撑跨度的乘积不得大于（   ）m^2。

A. 100   B. 90   C. 110   D. 120

69. ［简单］附着式升降脚手架防坠落装置应设置在竖向主框架处并附着在建筑结构上，每一升降点不得少于（   ）个防坠落装置，防坠落装置在使用和升降工况下均须起作用。

A. 1   B. 2   C. 3   D. 4

70. ［中等］预留穿墙螺栓孔和预埋件应垂直于建筑结构外表面，其中心误差应小于（   ）mm。

A. 10   B. 20   C. 15   D. 25

71. ［难］附着式升降脚手架提升时，当按下上升或者下降按钮后，发现全部吊位电动环链葫芦受力都反转，则是（   ）原因造成。

A. 主回路缺项   B. 主回路短路
C. 分回路缺项   D. 分回路短路

72. ［难］附着式升降脚手架转角处应设置（   ）根立杆。

A. 3   B. 4   C. 2   D. 1

73. ［中等］附着式升降脚手架架体立杆接长可以采用对接扣件对接，也可采用搭接，其搭接长度不应小于（   ）mm。

A. 500   B. 600   C. 800   D. 1000

74. ［简单］附着式升降脚手架每套附墙支座需要设置

(   )根穿墙螺栓。

A. 1   B. 2   C. 3   D. 4

75.〔难〕附着式升降脚手架自由端（分片处）距离主框架距离大于(   )mm 的架体应在底部和第三步架上设置两道小斜杆，对架体采取加强措施。

A. 1500   B. 2500   C. 2000   D. 1800

76.〔简单〕附着式升降脚手架小斜杆与水平面的倾角应为(   )度，上下端均应设置防滑扣件。

A. 45～60   B. 40～60

C. 40～65   D. 30～60

（三）多选题

1.〔简单〕民用建筑一般由以下哪几部分组成____。

A. 基础   B. 墙与柱

C. 楼地面   D. 天棚

E. 楼梯

2.〔简单〕附着式升降脚手架的附着支座可固定在____等承重结构件上。

A. 现浇墙、柱   B. 现浇梁板

C. 填充墙   D. 飘板

E. 砌体

3.〔简单〕附着式升降脚手架主要由钢材制作而成，一般承重材料所用型钢有____。

A. 槽钢   B. 扁钢

C. 焊管   D. 花纹钢板

E. 角钢

4. ［简单］附着支座固定于梁上时应验算梁的____承载力。

A. 抗弯   B. 抗剪

C. 抗扭   D. 局部受压

E. 抗冲切

5. ［简单］焊缝应根据结构的重要性、荷载特性、工作环境及应力状态等情况，选用不同的焊缝形式和质量等级，焊缝形式有____。

A. 对接焊缝   B. 角焊缝

C. 对接与角接组合焊缝   D. 水平焊缝

E. 塞焊焊缝

6. ［简单］塔式起重机的性能要能满足附着式升降脚手架的吊装及拆除要求，包括____。

A. 起重量   B. 起升高度

C. 起重半径   D. 起升速度

E. 回转范围

7. ［简单］施工升降机与附着式升降脚手架的关系说法正确的是____。

A. 建筑结构主体施工时，施工升降机位于附着式升降脚手架底部

B. 装修施工时把施工升降机部位的架体断开，施工升降机升到屋顶

C. 建筑结构主体施工时，施工升降机可伸入附着式升降脚手架架体两层

D. 架体断开侧面与施工升降机的间距大于 300mm

E. 施工升降机只能在附着升降脚手架底部运行

8. ［中等］建筑平面图的组成及内容有____。

A. 标注平面尺寸，用定位轴线和尺寸线标注平面各部分的
长度和准确位置

B. 反映出房屋的结构性质和主要建筑材料

C. 标注梁、板、墙、柱等构件相互关系和结构形式

D. 标明剖切面的平面位置及剖切方向，标注详图索引号和
标准构配件的索引号及编号

E. 标出各层距地面标高

9. ［中等］当塔式起重机的附着伸入普通附着式升降脚手架
架体内时，应采取的措施是____。

A. 架体构架纵向水平杆采用短钢管搭设，并用斜拉钢管与
两边竖向主框架斜拉加强

B. 提升时拆除塔式起重机附着部位的纵向水平杆及外侧安
全网

C. 通过塔式起重机附着后，再恢复拆除的纵向水平杆及外
密目安全网或钢板防护网

D. 拆除阻碍爬架提升的架体构架立杆

E. 在架体断开处上部设置钢管加强桁架

10. ［中等］对于卸料平台与附着升降脚手架的关系说法正
确的是____。

A. 卸料平台不得与附着式升降脚手架各部位和各结构构件
相连，其荷载应直接传递给建筑工程结构

B. 附着式升降脚手架架体底部不断开，架体预留一个洞口，
移动式卸料平台与架体一起提升

C. 附着式升降脚手架架体底部断开，附着式升降脚手架提

升后，用塔式起重机把卸料平台吊到上一楼层固定

D. 升降式卸料平台一般在附着式升降脚手架架体下部预留两层楼高洞口，附着式升降脚手架提升后，升降式卸料平台再自行提升固定

E. 卸料平台应与附着升降脚手架连为一体以便于同步提升

11. ［难］需要查询某楼层的标高和层高可从＿＿图纸中找到。

A. 建筑平面图   B. 建筑立面图

C. 建筑剖面图   D. 楼层结构平面布置图

E. 节点大样图

12. ［简单］架体结构的主要组成有＿＿部分。

A. 竖向主框架   B. 水平支承桁架

C. 架体构架   D. 支模钢管

E. 联墙杆件

13. ［简单］附墙支座的主要组成有＿＿部分。

A. 穿墙螺杆   B. 支座焊接本体

C. 支撑顶杆   D. 支撑顶杆复位弹簧

E. 提升葫芦

14. ［难］外立面封闭钢网窗安装连接主要在＿＿上。

A. 外立杆   B. 内立杆

C. 外排大横杆   D. 主框架导轨

E. 内排大横杆

15. ［中等］架体构造杆件与杆件的连接方式有＿＿。

A. 用扣件连接焊接钢管   B. 用扣件连接焊接矩管

C. 用螺栓连接焊接矩管   D. 用螺栓连接焊接钢管

E. 杆件之间采用铆接

16. ［中等］机位布置图应包含的信息有( )。

A. 机位与机位之间的距离，机位的编号

B. 塔吊附墙处的架体连接方案

C. 施工升降机的位置及与架体的关系

D. 卸料平台位置、分片处位置图

E. 架体最大悬伸高度

17. ［难］爬架提升原理中需要做的主要准备事项有( )。

A. 拆除最下面的附墙支座

B. 安装最上面的附墙支座

C. 拆除连墙杆件

D. 拆除分片处连接杆

E. 应先拆除最下面的附墙支座，架体提升到位后再安装最
上面的附墙支座

18. ［难］正挂电动葫芦装置升降原理是____。

A. 葫芦挂钩挂在上挂点上，葫芦相对于墙不移动

B. 由上挂点将架体重力传给附墙支座

C. 链条的挂钩挂到架体的下挂点上，下挂点不与架体连接，
连接到墙上

D. 升降时多余的链条体现在环链上

E. 正挂葫芦可以采用功率小的电动机

19. ［简单］对设置在附着升降脚手架上的物料平台有以下
规定____。

A. 物料平台的承载量要有明确标示

B. 不得与附着式升降脚手架各结构构件相连或干涉

C. 物料平台的荷载不得通过升降脚手架传递给建筑工程结构

D. 物料平台的荷载应直接传递给建筑工程结构

E. 物料平台的主梁应和附着升降脚手架水平支承桁架固定

20. [简单] 附着式升降脚手架的架体的水平悬挑长度规定有____。

A. 不应大于 2m

B. 不应大于 1.2m

C. 不应大于 2.8m

D. 单跨式不大于 1/4 水平支承跨度

E. 如果大于 2m，应采取加强措施

21. [简单] 附着式升降脚手架的架体悬臂高度规定有____。

A. 不大于 1/4 架体高度

B. 不应大于 5.4m

C. 不应大于架体高度的 2/5

D. 不应大于 6m

E. 不应大于 2 倍楼层高

22. [简单] 附着式升降脚手架的架体的总高度规定有____。

A. 不应大于所附着建筑的 5 倍楼层高

B. 覆盖附着建筑的 4.5 倍楼层

C. 应满足施工方要求

D. 应与施工方案相符

E. 应覆盖 5.5 倍楼层

23. [难] 附着升降脚手架主要由附着式升降脚手架____构成。

A. 架体结构

B. 附着支座及防倾防坠落装置

C. 升降装置

D. 同步控制装置

E. 临时联墙杆件

24. 〔简单〕附着式升降脚手架有____的优点。

A. 安全性 　　　　　　　B. 搭设简单

C. 美观性 　　　　　　　D. 经济性

E. 下降快捷

25. 〔简单〕附着式升降脚手架分为____。

A. 普通架 　　　　　　　B. 全钢架

C. 半钢架 　　　　　　　D. 悬挑架

E. 盘扣架

26. 〔难〕附着式升降脚手架的____是重点监控位置。

A. 分片位置 　　　　　　B. 塔吊附着位置

C. 施工电梯位置 　　　　D. 底部封闭

E. 预埋及受力

27. 〔中等〕附着式升降脚手架安装、升降、拆除操作人员及使用人员必须____。

A. 戴安全帽 　　　　　　B. 穿防滑鞋

C. 系安全带 　　　　　　D. 穿防护服

E. 戴手套

28. 〔中等〕选用附着式升降脚手架的基本原则有____。

A. 设备及作业安全

B. 搭拆、运行及时

C. 内外美观

D. 性价比高

E. 最适合进行下降过程的外墙装修

29. ［难］附着式升降脚手架防坠装置主要分为____。

A. 棘轮、棘爪（顶撑止逆）防坠

B. 转轮防坠

C. 摆针、摆块、摆杆防坠

D. 穿心杆防坠

E. 滚轮式防坠

30. ［难］保证附着式升降脚手架的措施有____。

A. 可靠的产品（设备）

B. 科学合理的施工方案

C. 严格的施工管理流程

D. 专业的施工作业队伍

E. 项目部及政府部门的监督管理

31. ［难］____对附着式升降脚手架有规定。

A.《建筑施工工具式脚手架安全技术规范》

B.《危险性较大的分部分项工程安全管理规定》（住房和城
乡建设部令第 37 号令）

C.《建筑施工扣件式钢管脚手架安全技术规范》

D.《建筑施工安全检查标准》

E.《建筑施工升降设备设施检查标准》

32. ［中等］附着式升降脚手架水平支撑桁架通常有____形式。

A. 大桁架   B. 小桁架

C. 三角桁架   D. 平行桁架

E. 片式桁架

33. [难] 附着式升降脚手架上升、下降时控制柜中保护开关跳闸，则可能是____造成。

A. 电缆用航空插头进水

B. 电机接线处被水淋湿而短路

C. 电机定子线圈短路

D. 电缆线短路

E. 重量传感器未安装

34. [难] 附着式升降脚手架上升、下降时，在 PC 界面点击升、降按钮，电动环链葫芦不工作，则可能是____造成。

A. 界面按钮失效　　　　　B. 超载

C. 短路　　　　　　　　　D. 断路

E. 下挂点空钩

35. [难] 附着式升降脚手架上升、下降时，在 PC 键盘上某个键按下后，接触器未吸合，则可能是____造成。

A. PC 键盘上的该键损坏

B. 该回路固态继电器损坏

C. 该回路线路断路

D. 该回路接触器线圈断路、烧毁

E. 重量传感器未安装

习题答案

（一）判断题

1. 错误；2. 正确；3. 正确；4. 错误；5. 正确；6. 正确；
7. 正确；8. 正确；9. 错误；10. 正确；11. 错误；12. 正确；
13. 错误；14. 错误；15. 错误；16. 错误；17. 错误；18. 正确；
19. 错误；20. 正确；21. 错误；22. 正确；23. 正确；24. 正确；
25. 正确；26. 错误；27. 正确；28. 正确；29. 正确；30. 错误；
31. 错误；32. 正确；33. 错误；34. 正确；35. 正确；36. 正确；
37. 错误；38. 正确；39. 错误；40. 正确；41. 正确；42. 错误；
43. 错误；44. 正确；45. 正确；46. 正确；47. 错误；48. 错误；
49. 正确；50. 错误；51. 正确；52. 正确

【扫码查看解析】

（二）单选题

1. A；2. B；3. D；4. B；5. C；6. C；7. B；8. B；9. A；
10. C；11. B；12. C；13. D；14. D；15. B；16. C；17. D；18. D；
19. A；20. A；21. D；22. D；23. D；24. B；25. B；26. A；
27. C；28. A；29. D；30. B；31. C；32. B；33. C；34. A；

35. C；36. A；37. B；38. A；39. B；40. B；41. B；42. C；43. B；

44. B；45. D；46. A；47. D；48. D；49. C；50. C；51. C；

52. D；53. A；54. A；55. B；56. B；57. C；58. D；59. C；

60. A；61. C；62. C；63. B；64. B；65. B；66. C；67. D；68. C；

69. A；70. C；71. A；72. B；73. D；74. B；75. C；76. A

【扫码查看解析】

（三）多选题

1. ABCE；2. AB；3. ACE；4. ABCD；5. ABCE；6. ABCE；

7. ABC；8. ABDE；9. ABCE；10. ACD；11. BCD；12. ABC；

13. ABCD；14. AC；15. AC；16. ABCD；17. ABCD；18. ABD；

19. ABD；20. AD；21. CD；22. AC；23. ABCD；24. ACD；

25. ABC；26. ABCDE；27. ABC；28. ABCD；29. ABCD；

30. ABCDE；31. ABDE；32. ABE；33. ABCD；34. ABCD；

35. ABCD

【扫码查看解析】